はじめに

一九五五(昭和三十)年、小牧基地拡張のため農地収用通告が北里村に突きつけられた。安保条約を理由にした有無を言わせぬものであった。
村民は反対同盟を結成し、総ぐるみで抵抗した。県下の革新政党、労働組合、学生自治会連合、平和委員会などの市民団体も支援に立ち上がった。愛知県の歴史に残る大運動であった。この運動は六〇年安保闘争、核廃絶運動へとつながっていった。

しかし、いくつかの愛知民衆史とされる本が出されているが、この大運動については、まったくふれられていなかったり、断片的にしか書かれていない。この運動に関わった多くの人たちは九〇才を超える。今、記録として残しておかなければ、この愛知民衆の大運動が消えてしまう、そんな思いでとりかかった。そもそものきっかけは私が北里小学校に赴任し、五年生の子どもたちと取り組んだ社会科の調べ学習(今で言う総合学習)であったから、四〇年も前のことである。長い中断の後、今回、当時の関係者とその御家族の力を得て、まとめることができた。これは私の「総合学習」の仕上げである。

小牧基地拡張反対運動は、現代の沖縄基地問題、原発再稼働問題にもつながる運動である。平和に心を寄せる方のお役に立てれば幸いである。

二〇一六年　八月

山田　隆幸

目次

第一章　小牧基地拡張反対運動の概要　……　1

1. 田んぼは百姓の宝だ！
2. 村民と政党・労組・平和団体のわかり合いこそ
3. 今の日本の課題につながる大運動
4. 今この記録を残す意味
   ー年表　歴史背景と運動の流れー

第二章　日本共産党基地拡張反対運動現地責任者の記録　……　7

＊この章の目次は本文中に記載

第三章　旧北里村役場書記・丹羽正國氏の回顧　……　88

1. 安保条約による用地提供の通告
2. 全村民の反対運動始まる
3. 村長、条件闘争にカジを切る
4. ついに同意書に調印
5. 移転先をめぐる混乱
6. 後ろ髪を引かれる思いの移転作業

第四章　小牧基地拡張反対運動と愛知県学連　……　98

第五章　教育と小牧基地拡張反対闘争 …… 105
1．農業技術者・指導者、大野春吉氏
2．北里教育百年の歩みからの抜粋
3．文集・「きたさと」の発行
4．北里小五年生の調べ学習(総合学習)「小牧基地と私たちのくらし」
第六章　軍事都市愛知の中核・小牧基地 …… 133
1．海外派兵の中心基地小牧
2．再び農地買収問題が－三菱重工・小牧北工場の建設
終章　小牧基地拡張反対運動から学ぶべきこと …… 138
【小牧基地関連資料】 …… 141
1．村内に配られた共産党工作隊のビラ
2．小牧市史関連記述
3．春日井市氏関連記述
4．豊山町史関連記述
おわりに

第一章　「小牧基地拡張反対運動」の概要

砂川・内灘とともに三大基地闘争と言われたにもかかわらず、小牧基地拡張反対運動のまとまった出版物は出ていない。この運動の重要性を知るために、この運動がどの様な規模・広がりを持つものであったかイメージできる写真を提示する。

ムシロ旗たつ－全村民総ぐるみの大運動

CBC放送・街頭録音に涙ながらの訴え　1955. 5

栄で集会後、名古屋市内をデモ行進　1956. 12

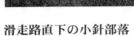

1 「田んぼは百姓の宝だ！」

農民一揆的な基地拡張反対運動

村長以下全村民一丸となっての反対運動は、県・国への陳情活動でスタートした。この村民総ぐるみ・運命共同体的運動は、すばらしい力を発揮すると共に、弱点も生み出した。それは次のような申し合わせである。

●暴力闘争は絶対しない。血を流さない反対運動であること。
●政治的な色彩の闘争にはまき込まれない、農民の立場で農地を死守する。

滑走路直下の小針部落

2 村民と政党・労組・平和団体のわかり合いこそ……

保守系の議員に頼るも、巧妙な手口に翻弄される失敗の経験や砂川など他地区の基地反対闘争との交流会、社会・共産両党の派遣した支援者、労働組合、愛知県学連の学生、平和団体等の粘り強いはたらきかけで、外部の人たちと手を結ぶことへの理解が少しずつではあったが村民の間に伝わっていった。

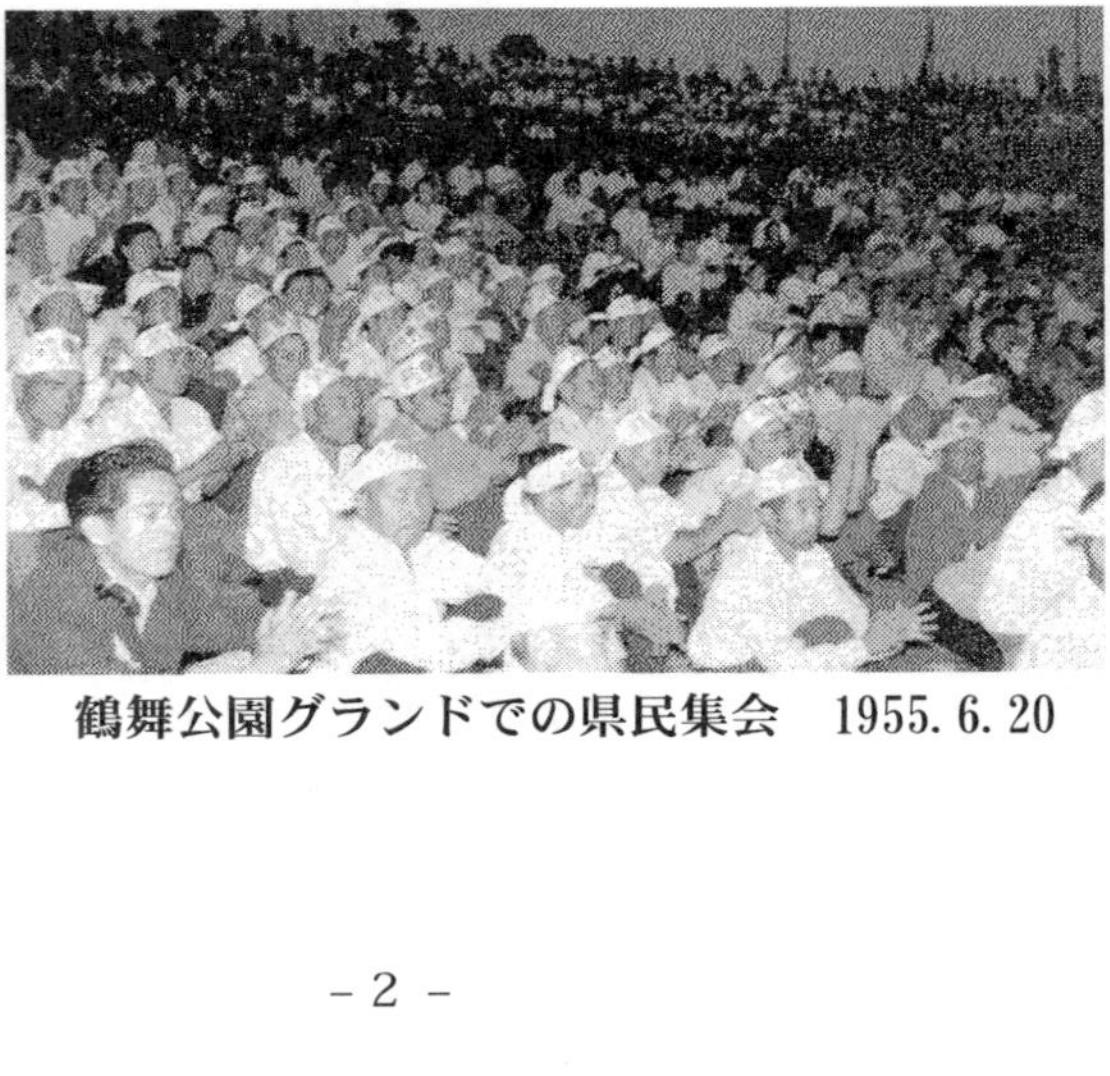

鶴舞公園グランドでの県民集会　1955. 6. 20

まだまだ、この運動の意味を政党・労組・平和団体が自らの課題・全国的な課題と位置づけ、全県的に広めるには弱さがあった。外部からの支援は「土地を守れ」の村民の思いに共感するもの、「再軍備反対、核武装反対！平和を守れ！」の全国民的課題を全村民の思いにつなげることが弱く、「現地支援」にとどまっていた。「支援」では「外部の力」に巻き込まれるという村民の警戒心を十分に解きほぐすことにはならなかった。

この運動が条件闘争に変わっていったのは政府側の巧妙な策動が主因ではあったが、保守性の色濃い時代的制約を背負った村民側の弱点と民主勢力側の弱点を指摘せざるを得ない。（終章の田中氏の文を参照されたい）

小牧基地拡張を止められなかったのは、それだけでなく小牧基地の果たしている固有の役割に要因がある。攻撃基地として重要であったが、他基地と違うのは、航空機等の製造・修理・整備ができる三菱重工の存在である。また核兵器貯蔵の疑いのあった高蔵寺弾薬庫(1985.8.4朝日新聞報道)の存在も大きかった。米軍や安保条約の履行になりふり構わず突っ走る日本政府にとって決して譲ることのできない計画であった。三菱重工は、今やミサイルの製造、ステルス戦闘機の製造など第一級の軍需産業となっている。

その後、この運動について多くの村民が口を閉ざしてしまったのは、村ぐるみのいわば「農民一揆的たたかい」であったが故に、「協力金」「補償金」等の条件闘争に入ったとき、村民の間につらい分裂・対立を生じてしまったことである。「大義に生きたひと」と、「現実の生活改善に向かった人」とのしこりは長く続くことになった。

3 今の日本の課題につながる大運動

六〇年安保闘争、原水爆禁止運動へと発展

歴史的には六〇年安保大運動につながる重要な時期であった。米ソ冷戦の激化、ベトナム戦争などインドシナ半島でアメリカは追い詰められていた。核戦争も想定していたアメリカにとって在日米軍基地強化は待ったなしであった。プロペラ機からジェット機へ、大型化は滑走路延長などの基地強化は緊急事項

であった。
アメリカは核兵器の日本持ち込みも考えていた（沖縄をはじめ、入港する米艦船の核ミサイル搭載は公然の秘密であるが）。労働者、学生の支援活動は、農民たちへの共感も大きかったが、戦争への危機感、平和への思いがバネになっていた。

4 今、この記録を残す意味

今の沖縄の基地問題や原発をめぐる自治体の補助金漬け問題を考えるとき、この運動の果たした役割を見直すことで、今もカネで人間の心を切り刻んでいくような権力のやり口に対する教訓をくみ取ることができる。

共産党現地責任者・田中邦雄氏、村役場の書記（村長秘書役）・丹羽正國氏、愛知県学連の現地常駐支援者・福田静夫氏、大野春吉氏ご家族ら当事者からの証言、中学校教員であり小説家であった故小出栄氏の記録文などから当時の農民の苦衷が浮かび上がる。

しかし今日までこの大運動は日の目を見ないままであった。重要な愛知民衆のたたかいであり、これをなんとしても伝えたいと願って編集に当たった。

さらに、出撃基地として重要なだけでなく、三菱重工等の兵器産業、高蔵寺弾薬庫という補給庫を持つ小牧基地のさらなる危険な役割を明らかにしたいと考えた。

また北里村は今は亡き母の実家があり、私が名古屋から空襲を逃れ疎開して五才まで過ごした。丹羽正国氏は私の叔父である。こんな個人的な思い入れも強い地の郷土史的意味合いも私にはある。

集団移転前の小針旧部落

4 政治の動きと基地拡張反対運動の推移

1952（昭和27）年

*清水口から小牧-現三菱重工の軍需工場への防衛道路計画延長を発表。（名古屋港を起点とし、さらには岐阜・各務原の川崎重工を結ぶ道路計画。

*米軍兵舎のため、豊山村の農地さらに接収。

*アメリカ軍伊良湖試砲射場計画、現地・県民の反対で中止させる

1953（昭和28）年

*内灘射爆場(伊良湖の代替地)反対闘争

1955（昭和30）年

*アメリカベトナム介入開始

三月 *　小牧基地拡張通告

*北里村議会、小針己新田・上小針、・市之久田・多気・入鹿新田各部落で毎夜のように部落集会

*北里村代表愛知県庁に陳情　一ヶ月後、重ねて陳情

*さらに調達庁、防衛庁、外務省に陳情

四月 *調達庁、土地収用法の手続き　米軍ジープ十数台が視察

*武装警官護衛のもと、測量杭を打ち込む

五月 *北里村へ同意書取付け督促通知

*県庁へ陳情、県議会傍聴。県議会、拡張反対決議案を自由・民社党の反対で否決

*小針己新田長林寺で居住者大会開催（愛労評主催）、名大文学部学生「平和の集い」を作り、小牧支援の活動に入る。

（小牧基地拡張反対連絡協議会と村民のつながりができる）
＊青壮年行動隊（名目上、部落組織でない自主組織）、さらに老人組・婦人会が作られる。
＊ＣＢＣ三基地拡張反対運動（小牧・伊丹・新潟）をつないだ街頭録音放送で涙の訴え。
六月＊鶴舞スタジアムで　県民大会
七月＊第一回原水禁大会
＊「もはや戦後でない（経済企画庁白書）」と政府は戦後の混乱収束を宣言。
九月＊砂川基地闘争激化　　11.15自民党結党
十二月＊青山地区土地売渡し同意　　＊国連加盟
＊瀬長亀治郎氏、那覇市長に当選するも、米軍は布令を改悪、**瀬長氏を追放処分に**

1956（昭和31）年
＊北里村として同意書（村民の誓約書）をとりまとめ、条件交渉に入る
これ以降、各戸ごとに三十三年まで、移転補償申請書を提出
＊一〇月　警官隊導入し、砂川基地強制測量ｌ

1959（昭和34）年
五月＊　北里地区移転完了　＊「伊達判決・米軍駐留は違憲」砂川事件無罪
十二月＊　最高裁、田中裁判長がアメリカと極秘会談・伊達判決を破棄

1960（昭和35）年　＊岸内閣、安全保障条約改定を強行採決
十一月　池田内閣　所得倍増計画　高度経済成長への道を開く

（山田　隆幸　記）

第二章　小牧基地

上小針・市之久田地区、一年十ケ月のたたかい

日本共産党小牧基地拡張反対運動・現地責任者の記録

―この一文を、今は亡き船橋裕之先生に捧ぐ―

田中　邦雄　著

一九五七年　初稿

二〇一六年　七月　三訂

【略歴】
阿久比町在住　1926年生　90歳
戦時中は強い軍国主義思想
東京帝国大学文学部中退
1947年～1952年名古屋市北山中学教員
1949年日本共産党に入党
1952年～1991年党専従
　農山漁村の活動、選挙対策など担当
1955年～57年党小牧基地対策現地責任者
1961年～1965年党東三河地区委員長
　党愛知県委員会副委員長
　全日本農民組合愛知県連合会副会長
現在　阿久比町9条の会世話人

＊文中の注は、分かりやすくするため編者が付したものである。

テレビ塔前での集会　1956. 12

まえがき

この記録は、一九五五年にはじまった小牧アメリカ軍基地の拡張にたいする地元農民の反対運動の記録です。文章は、すべて地元住民がじっさいに語り、話し合いの中でのべたナマのことばを、そのまま綴りあわせるかたちで、まとめたものです。

日本共産党の現地責任者として、そのはじめからかかわった筆者が、一九五七年の一月中旬、日々の活動メモ(それは、まだ当時の作風の延長で、小さな薄い紙片に細字でびっしりメモしたものでした)をもとに、いきなり原紙にページ組みの順にガリ切りで二昼夜一気に書き上げ、「山川俊夫」名で、謄写版刷りのパンフレットにしたものです。

いま、アメリカの戦争に日本が自動的に参戦する危険な計画が進み、とくに小牧基地がカンボジア・インドネシアへ自衛隊機海外出兵の拠点となっている屈辱的事態にさいして、この基地の経過をあらためて見ておきたいと考えます。

なお、この記録が書かれたのは、日本共産党第七回大会以前であり、六全協そのものの理解も正確でなく、六全協後の党内一部の状況も反映して、清算主義的傾向や社会党への妥協的弱点も中には出ており、現実のたたかいに果たした日本共産党の大きな役割がことさら隠されているあやまりもありました。原文ガリ版のものをワープロに復刻するにあたり、この点で明確なことや、発行当時は部落への配慮から人名や一部の経過を伏せた部分などを、事実にもとづいて若干の補正をしました。しかし、このパンフレットはすでに歴史上の文書であり、その範囲にとどめたことを記しておくものです。

（一九九七年　秋）

追記

この文書公刊に当たって、公人を除く部落内農民の個々の人名についてはその複雑な関わりを考慮し、すべて仮名としたことをご了承下さい。

（二〇一六年　夏）

目次

まえがき……8
この土を……10
その村……12
たのみのつな……13
アメリカは極道だ……16
ながれたクイ……18
血潮と血潮……21
重敬さはあたまがちがう……23
八人組……26
自己批判……29
地獄の鬼……32
夜はしらじらと……35
五つの基地……38
雲がくれ……39
周辺補償……41
田植まえに、たわけた………43
草ばやし……45
ハチの巣……48
大臣がうら口から……53
ふるさとの歌……55
滑走路……56
白髪……58
不信……61
この手をみてくろ……63
下駄ばきのまま……66
伊吹おろし……69
人の力……71
〈資　料〉
小牧基地拡張反対同盟……72
当時の基地拡張計画図……73
小針・市之久田住宅地図……74
砂川闘争に参加しての報告……75

＊できるだけ北里村民がふだん使っていた言葉を用いるよう心がけた。

この土を

—基地拡張通告—

　昭和三十年三月二十六日、春なお浅い日であった。突然、十数台もの高級車が、名犬国道南外山からなわて道を左に折れ、砂けむりをあげつつ市之久田・巳新田を走りすぎ、北里村役場へ乗りつけた。

　名古屋調達局の役人たちであった。なんの前ぶれもなかった。役場へ入るなり、かれらは、「小牧飛行場の滑走路を拡張するため、立入測量を四月一日から行う。三十日までに回答されたい」と通告した。土地台帳を出させ、村長さえもよせつけずに別室で調べあげる。拡張の内容の説明もない。（注、これは後日、村人から聞き取った状況であり、正確な事実は対応に当たった当事者・丹羽正国氏の回顧談、88ページを参照のこと）

　村から各部落長への急報、ことはたちまちに村じゅうに知れわたった。田畑からクワをほかって、百数十人の農民が、ふってわいた大事件にわけもわからぬまま役場へ集まったのだが、まっ青になった船橋鏡治村長は、ともかくなだめて人びとを引き取らせた。

　その夜から、上小針（かみおばり）・市之久田（いちのくた）をはじめ、巳新田（みしんでん）・入鹿新田（いるかしんでん）・多気（たきこ）部落では、それぞれ「総より」がひらかれた。二十八日、村会ではとりあえず対策委員会（村長が委員長）をおき、全戸拡張反対の署名をとり、二十九日小針・市之久田・巳新田から各戸一名総出で愛知県庁と名古屋調達局へ陳情する。三十日には地元代表が上京、四月一日ふたたび百五十人が県庁陳情。そして同六、七、八、九日とそれぞれ調達局

吉田　義光氏宅

員・田中局長・石田不動産部長・水野副知事・桑原知事が地元へ。「反対してもむだだ。土地収用法で強制立入する。強制ということになったら金ももらえないぞ。もう手続きをとってしまってある」と言うのだった

だが、百姓にとって、農地はゼニカネに替わるものではない。百姓しておればどんなことしてでもやっていけるが、金は手にもったが最後、消えてしまう。仕事に出るといっても、としよりはむろんのこと若いものだとて、どこがツッと使ってくれる。土地なら孫子の代まで、らくはできんでも安気にいけるものを。

農作業の様子　後は三菱重工・工場

それだけではない、この土地は尾張でも一ばんのいい土地だ。地元では「小針は尾張と言う国の名の発祥の地」と言うが、とくに小針の南、墓所(はかど)の東から、小針・市之久田のあいだの田は、二十九年の天気でさえも七俵をきれたことがない、畝どり(反十俵)もめずらしくないのだ。先祖代々、汗とあぶらでこねあげてきたこの土地。

それだけではない、飛行場の滑走路の真正面にあたるこの部落の毎日がどんなものかは一晩この家に寝てみなければわかるまい。はらわたまでよじれるようなひびき、屋根のカワラもゆるみ、子どもは育たず、母親はみんな名古屋で入院して子を産む。病人は治らない。これが拡張されて滑走路が軒さきまできたら、どうなるのか。こんなえらい思いを、くる日もくる日も一言の文句もいえず、がま

んしてくらしてきたものを。

　それだけではない、そうだ、それだけではない、この飛行場が、ひとたび大山川をこえたら、それからさきは、どうなるのか。このさきもしふたたび、そうなれば村も田畑も無くなってしまう。ちりぢりに、どこへゆくのか。そして、あの墓所(はかど)…部落の南一本の大木がしげるかげに、先祖いく百年の魂の安住の地、それさえもつぶされてしまうと言うのだ。

上小針の墓所(はかど) 1955.5
故、浅井美雄氏　撮影

それを、こんな大事なことを、「三日や四日で返事せろ、きかねば強制だ」、そんなムチャなことがあってよいものか。土地を買いとるときは、どんな小会社でも、いくら出すからと相談するのに、そういう小会社のまねすら政府はできないのか。供出もし、税金もだしてきた百姓に。

　四月十二日、調達局から、「明日より立入測量する」との電話通告に、村長は「拡張を前提としない」との条件つきでみとめた。こうして十三日、武装警官十数人と一人のアメリカ兵とともに、調達局の役人が、予定地の外廓測量をはじめる。青々とのびた麦の根かたをかきあらし、赤と青のクイを打ち込んだのだ。

その村
―戦争で土地接収―

昭和十七年、軍命令で西春日井郡豊山村国民学校へあつめられた豊場・青山・青山新田の農民が、憲兵のピストルの前に、なみだで「天皇陛下バンザイ」をとなえて土地を「献納」させられて以来、基地の苦しみは始まった。

　青山新田はこの世から姿を消した。モッコ

とスコップで岡山を掘り崩してできた陸軍飛行場が、まもなく敗戦でアメリカに接収されると、昭和二十一年・二十二年、二十七年と拡張がくりかえされた。

豊山村の青山・豊場は、苦労して新しく土地を買えばまたとられ、平均二、三反となってしまった。二十七年に兵舎の敷地として十四町五反を反当二六万四千円でとられた小牧市南外山でも、金は身につかず、鶏小屋を改造してパンパン(アメリカ兵相手の娼婦)を月三千円で置くというありさまになってしまった。

北里村多気、巳新田にたいしては、二

接収時の米軍基地

立ち入り禁止の警告

十七年末から、名古屋清水口から小牧山にいたる防衛道路の計画までがあらわれた。(注、現国道41号線。小牧山までとされたのは、隣接する岐阜県各務原にも川崎重工というヘリコプターをはじめとする重要な軍需工場があるからである。これは朝鮮戦争遂行のために名古屋港と三菱重工・川崎重工の工場を直結するのがねらいであった。米軍戦闘機や戦車等の整備・修理には不可欠と考えられたのである。現在は、さらにステルス戦闘機、ミサイルなど最新技術を持った日本の軍需産業の中核である)。

この二部落はついに反対し通し、二十八年春、計画を豊場(現、三菱重工所在地)までにさせてしまった。一九五四年十一月の村議会解散による選挙で、共産党の村会議員・吉田雅夫氏、同党推薦長谷川忠男氏(注、文集きたさと発行人)、社会党員・長谷川敏晴治氏が誕生したのはこの時期だった)。

市之久田は、大正十四年から五年間、毎年秋になると神社にかがり火をたき、地主の屋敷を竹ヤリでかこんで小作争議をくりかえした歴史をもつ。お寺の土地を農地解放の対象とせずに残した小針と対照的であったが、二十七年の米軍兵舎敷地の接収には、部落からも数名の関係者を出しながら、すこぶる冷淡なままにすぎてしまった。

こうしてこんどの拡張だ。プロペラ機用の「七五〇〇フィートの滑走路は、ジェット機の発着には不足なので、九〇〇〇フィートに延長し、さらに南北各五〇〇フィートの危険区域をもうける」というのだ。北里村・豊山村・楠村・春日井市・小牧市の二市三村、約五百戸、七九町歩にわたるものであつた。

桑原愛知県知事が、三十年一月、任期満了以前に辞任して、知事選挙をおこなったのは、この計画が表面化する時期をさけるよう、アメリカ軍がわとの了解があったのではないかと言われる。

たのみのつな
—自民党議員にすがって—

期待は村出身(小木在住)の県会議員、久男さ(舟橋久男氏　民主党)にかかっていた。学生のころ多少左翼の影響をうけた久男氏が、戦後村へ帰ってきたときはたいして財産もあるわけではなかったのだが、その新鮮さにくわえて、現村長船橋鏡治氏の信頼あつく、たちまちのうちにあたまをもたげて県会当選すでに二期であった。船橋鏡治氏は、他県にも有名な「小木のできもの医者・竜庵」で、かつては村一ばんの大地主であったが戦後ほとんどの土地をなくした。しかし、戦前はながく村長もやり、吉田万次・江崎真澄氏ら政界との顔もふかく、大家の坊ちゃんの気前のよさもあって、村をまとめる第一人者だった。

久男氏は、「自分は信念をもってやる、外部の介入をゆるさず、地元の純粋さをみせる」と強調した。四月は、まさに地方選挙である。地元は、久男氏のために総動員された。だが久男氏には強敵があった。隣の師勝村にいて県の土木技師をながくつとめた同じ民主党の高木哲之助氏である。米どころのこの村々に、かれは用排水・農道の工事を通じて自分の顔をひろく売りこんでいたのだ。一票一票と、しのぎをけずったあげく、久男氏は敗れ去ったのである。

　小針・市之久田では、四月十九日の夜、代表だけというのを八十人が身銭をきって、桑原知事について上京、陳情した。夜汽車の中で一行と乗り合わせた古知野の出という見しらぬ人が、

「早稲田さんなど保守党をたよつて、基地拡張するという保守党の政府に何が聞いてもらえる。労組や革新政党に協力してもらわねば」

と言った話は、あとでみんなつたえ聞いてもまともに受けとるものはなかった……。調達庁・外務省では「中止要求などきいたら鳩山内閣の命とりだ」とまで言われ、政府の高官を前にして怒った農民は口々に反撃したのである。

　しかも、力とたのむ早稲田柳右衛門・丹羽兵助代議士は、「国防のため基地は必要だ。金のことなら何とかしてやる」という態度であった。桑原知事はまた四月二十五日、「政府の方針に協力する」むねの声明をする。地元の期待は次々に裏切られた。しかし地元の人たちの気もちは、ひくにひけるものではなかった。それは何ものにもおそれ恥じるべきことではなかった。こうして上小針・市之久田では、村にたいして、「気うすい。もっと村としてやってくれ」の要望とともに、自らの行動がはじまったのである。

　日本共産党北里村細胞は、四月十日、いち早く「原爆基地拡張反対」をビラで全村に訴えた。オート三輪の宣伝カーで全村に街頭演説をおこない、市之久田養光寺で演説会をひらいたのは、市之久田の男衆が上京したあと二十日の夜であった。主婦やとしより二十余名が不安の面持ちをうかべつつ浅井美雄の訴えにだまって聞き入ったのであった。

　村会は、五月二日、拡張絶対反対の決議をした。多気にすむ共産党員長谷川茂の兄である長谷川忠男村議の提案で、この決議の中に「原爆基地として使用せらるる場合には……県下一円の住民の悲哀を招くことになる恐れ多分にあり」の一文もふくまれたのである。

　日本共産党愛日地区委員会は五月十日すぎふたたび宣伝カーで訴える。絵入りポスターを全村に貼りめぐらした。しかしちょうど苗田づくり最中の上小針農民の表情はとくに固

かった。

上小針・市之久田ではそれぞれ二十余名の対策委員がえらばれ、部落の辻にムシロ旗がひるがえり、県会を前に三たび陳情が大挙して行われた。「県会がすむまでは、保守をシゲキしてはことがこわれるから」と、「超党派で運動を」と、ボツボツ出はじめてきた声をも抑え付けてつないできた期待も、ついに裏切られる。五月二十五日の県会は、反対決議を否決した上、水野副知事を会長とした県・県会・地元市町村による対策協議会の設置をきめた。

「それでも大山川さえあれば」とたのみはかけられる。だが、大山川は暗渠にすれば、滑走路が上をこえても不つごうはない。そのために三億円の予算がすでに組まれている。政府は、七月十日までに解決・着工を要請している。

一人の年老いたおばあさんの命がこのあいだに消えていった。

「わしの骨は、墓所にうめんでおいてくろ。火葬にすることは、はずかしいことじゃが、お先祖さまのそばへいけぬはかなしいことじゃが、骨にして寺へでもおさめてくろ。飛行機の下になることは、どんなことがあってもいやじゃ」

いまわのきわの言葉は、じつにこの一言だった。

アメリカは極道だ
—共、社、反対運動開始—

市之久田の教員船橋安夫氏が、休みの日、はるばる米軍射爆場とたたかっていた石川県内灘（全国の先頭をいっていた）をたずねた。

内灘のトーフ屋さんの出島権二さんが、ハッキリといったのは、ただ一つ、「内灘のたたかいは、オカカたちの力だ」であった。そして出島さんは、「外部団体が応援してそのかわりに金をとったなどということはない。外部の力なしに基地問題はたたかえぬ」と話してくれた。

上小針・市之久田の心配は、このことだった。「外部団体が入ると、政府がよけい意地になる」『外部が入ると、あとでえらい金をとられる」「ことが大きくなって、ひくにひけなくなる」「アカに利用される」……不安もあったし、そうした宣伝もあった。五月二十三日の県への大挙陳情に日本共産党の宣伝カーが県庁前で激励の演説をし、村へ帰って行く自転車隊をはげましたことが、「小針が共産党といっしょにみられる。今後いっさい共産党はよせつけない」との申合わせとなった。こうして部落へ初めて入った共産党の工作者今井保に、吉田孝一さんが「体の保証はせんぞ」と門のカンヌキをもって追い出したこともあった。五月十四日の社会党の演説会も巳新田の公会堂でも断られて、個人の家でやるありさまだった。

しかし、見とおしは行き詰まっていた。そして地元の人々は、CBC放送が砂川―北里―伊丹をつないだ街頭録音放送で涙をふりしぼってさけんでから、世論というものの力を少しづつ感じはじめていた。

このとき、中日本の日本共産党組織は、中部地方九県によびかけ、のべ数百名にのぼる工作隊を五月二十八日から三カ月にわたって、現地農民の支援と、名古屋の労働組合が共同してたちあがるはたらきかけのために動員した。共産党の現地工作隊は、村議長谷川敏晴氏の協力で、上小針の隣部落小針巳新田の長谷川和子さん宅のムシロ織り小屋を借りることができた。常駐者三人を中心に、毎回数人がヤブ蚊いっぱいの板の間にゴロ寝して現地部落にはたらきかける。名古屋市水道労組が小牧基地拡張反対を決議する。名古屋市職労は機関紙で宣伝する。名大医学部に「小牧を守る会」がつくられ、南区星崎では星崎診療所が演説会をひらいて住民を集めたのをはじめ、市内各地で演説会が開かれた。多くの労働組合が共感を表明し、社宅での署名・

カンパもあった。日本共産党の五万枚のビラが労働者・市民に配布された。浅井美雄が情熱をぶつけた詩「アメリカは極道だ」は労働者・市民の心をゆさぶった。

アメリカは極道だ

あさい・よしお

小牧基地の、北いちめんの
ひろびろとした麦畑のまん中に
夏草におおわれた塚がういてみえる
千年もすごして来たであろう一本の大木が
枝をのばし葉をいっぱいしげらせている

『あの木の蔭には
代々のご先祖さまが静かに眠ってござらっしゃる
それじゃのに
アメリカの飛行機めらは
くる日も、くる日も
はらわたのよじれるような音をたてて
あの木の上をとんでうせる
お先祖様も
やかましゅうて眠れんじゃろと
気の毒に思うておったに
今度はあの墓場までとってしもうて
滑走路にすると言うんじゃ
アメリカのゴクドウめが
お先祖様のからだの上を
原爆飛行機でふみつけると言うんじゃ
ほんとうにゴクドウなこっちゃ
アメリカは極道じゃ』
八十路をこえた部落の老爺は
涙ひからせつつ　吐き出すようにつぶやいた

尾張発祥の地、北里村小針の
いく百星霜をへた、その塚には
先祖代々の多くの悲しみごとが
深くきざまれていることだろう
しかし、
代々の安住の地をとりあげ
原爆ジェット機でふみつけにするような
そんな大きな悲しみごとが
またとあったであろうか

反対闘争の最中に、部落の老婆は
『わしの骨は、あの墓にはうめてくれるな
火葬にすることは、昔から恥しいことじゃが
お先祖様のそばに行かれぬことは悲しいこと
じゃが
どうか火葬にして寺えでも納めておくれ
飛行機のふみつけにされることは
どんなことがあってもわしはいやじゃ』と
悲しい遺言をして死んでいった

死のまぎわまで
こんなむごい思いをさせているアメリカは
極道の、極道の、大極道だ

「ながれた」クイ

―外部協力の不安―

五月二十九日、愛労評（愛知県地方労働組合評議会）によって巳新田長林寺で労組員・地元民があつまって居住者大会（実質的には演説会）がひらかれた。

群馬県からやってきた茜ヵ久保代議士は、妙義の民主勢力の共闘による尊い経験をのべた上、「たたかいに勝つには三つの条件がある。一、勝つだろうか、負けるだろうかと思っていては勝てない、かならず勝つ、この信念だ。二、あの人は売るだろうか、自分一人損しはせぬかと思うな、お互いに信頼しあえ。三、外部団体と共闘せよ。この三つがそろえば必ず勝つ」と言い切った。船橋安夫氏が内灘のトーフ屋さんの話をそのままつたえた。

だが、この集会にも、上小針からの参加者はほとんどなかった。

しかし、ともかくこれから、上小針・市之久田の対策委員会が、非公式に、社会党・愛労評中心の「小牧基地拡張反対連絡協議会」に連絡をとるようになったのである。そして、「外部」との接触がここまで進んだのは、「村を乱す」『アカ」との非難を、当の上小針・市之久田からも一身にあびながら、麦刈りのいそがしい中を奔走した多気の長谷川忠男（日本共産党推薦）・巳新田の長谷川敏晴両村議の苦労を多としなければならない。

地元の立場は、複雑であった。

久男さなら、みんなが「たのむ」と言って

出したいわば生みの子だった。社会党や労組はどこまで本気かわからん。しまいまできてくれるやらどうかもわからん。外部がどれだけ政治力があるかも信用できん」こうした気もちは、早稲田・丹羽両代議士(ともに二区選出)があてにならぬとなると、三区の江崎代議士にたよるといったかたちになった。しかも事態はそれではかたづきそうにもない。

尾張神社での必勝祈願
(当時の朝日新聞報道)

頼めるところは、みんな頼んで手をつくさなければならなかった。さりとて、表だってした日には、一方から見はなされてしまいはしないか。村、とくに村長からさえも捨てられてしまいはしないか。

上小針の対策委員長吉田義光・副委員長大野春吉両氏のはからいで、「部落とは関係ない自主的なもの」というかたちで、二十才から四十才までの男で「青壮年行動隊」が、小針・市之久田両部落につくられた。そして隊長として大野惣平さんがえらばれた。外部との関係は、もっぱらこの行動隊が部落の了解の下にあたった。

つづいて「老人組」「婦人会」がつくられた。拡張の通告以来、家屋敷・田畑のこらず奪われる悲しみに、日々を泣きくらしていた老人は、「ブルドーザーの下で骨になっても」と決心をかため、経カタビラの死装束をそろえる。明日にもとられてしまう不安に、親戚の好意にすがって、遠くに田を買ってあとのまわしをした人が、はじめて勇気をもったのである。

六月二十日、名古屋鶴舞スタジアムでひらかれた県民大会に、日の丸ハチマキの行動隊は、はじめて参加した。

(注、村役場の職員丹羽正国氏が村民代表として挨拶をした。これを知った豊山村長は激怒し、「役場の職員が反対の先頭に立つとは何事か、クビにしろ！」と北里村長に電話をした。しかし、村長はこれを無視。丹羽氏も、「村は反対で一本化しており、挨拶は当然のことだった」と後日、述懐している。第三章の丹羽氏の回顧談参照）

鶴舞スタジアム県民大会 1955.6

「おらん方が承知したおぼえもないに打っていったクイ」に手もつけられず、村外の支援者が夜中にぬいてすてたクイすらさがし出して立て直した農民もあったが、田植どきになったら、クイはのこらずどこかへ「ながれて」消えてしまった。「おらんとこが天皇陛下から買った土地」であり、「おらんとこの田はおらんとこのもの」だ。

血潮と血潮

―共同の経験の中で―

二月二十三日、昭和ＥＡＴＯ（東南アジア条約機構）のバンコック会議で、アメリカの国務長官ダレスは、「核分裂兵器を念頭におけば、アメリカ軍は太平洋のどこの国をも攻撃できる」と言明した。ヨーロッパでは、西ドイツを再軍備して北大西洋条約機構に加入させせようとするロンドン・パリ協定が批准された。

三月、鳩山首相は、「アメリカの要請があれば、日本に原爆を貯蔵するのもやむをえない」と言明する。こえて四月、三十年度防衛分担金を二七八億円に減らすかわりに、在日アメリカ空軍は小牧・立川・新潟・横田・木更津五飛行場の滑走路延長を発表する。原爆搭載用Ｂ４７爆撃機の来日計画があきらかになる……。

だが、平和は、全人類の心からの願いだ。

それはなにものも屈しえない、かたときもやむことのないたたかいである。民族の独立・自由こそは、日本民族の悲願であり、信念である。

　ビキニ水爆以来の原水爆禁止運動のたかまり、世界平和評議会の原子戦争準備反対の訴え、そしてアジア・アフリカ会議の大きな成功……。

　妙義の基地反対闘争は、二年のたたかいののちに、ついに勝った。五月、北富士演習場の実弾射撃に反対し、富士をかえせとのたたかいが、数百人の地元民・労働者で米軍砲座をとりまいてたたかわれた。

　こうした中で、小牧基地の拡張は、ようやくまわりの人たちの関心をひきつつあった。とくに、日本共産党のよびかけによって、労働者や学生、文化人たちが、地元の事情を知り、地元をはげまそうとおとづれはじめた。だが地元にとっては、こうした人びとをすぐ受け入れることは、なかなかできるものではなかった。どこの誰ともしれず、この慾のシャバに何の下ごころもなしにひとの不幸に親身になってくれる人があろうとも思えなかった。ましてこれらの人々が、真剣になればなるほど、戦争の危機にあせればあせるほど、地元の人たちの身もちとはちぐはぐになった。そうだ、地元にとってみれば、あたまの中は自分たちの田んぼで一ぱいだった。何とかしてやめてもらうようにすがりたかった。そのことの無力を感じれば感じるほど、そうだった。そこへ、「このたたかいは平和のたたかいだ」「外部へよびかけよ」、中には、「土地を

小牧基地拡張反対若人の集い　小牧山にて
農民を励ますデモ隊

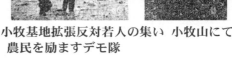

守るだけではだめだ。原爆基地反対を訴えよ」と言われても、信用するどころかかえって体をかたくしなければならなかったのである。

「共産党が名前をおぼえてはたらきかける。利用される……」上小針じゅうの家という家の標札は、六月にはいったころから、すべて取り外されていた。

北里小学校の女の先生は、訪れた学生の質問に、「爆音で授業にこまることなんかありません」と答えた。憤慨した学生たちは、「あなたは子どもがかわいくないのか」と問いつめ、先生はついに泣きだしてしまった。だが爆音を一たび聞いてもみよ、やかましいか、やかましくないかなどと問う必要があろうか。ここにこそ爆音以上に重大な基地の、いな、祖国の姿があるのだ。それは、どんなことばよりも、地元のつらさ苦しさを語るものだった。

しかし、生きた血潮と血潮は、通わずにはいない。田植がはじまるや、外部の者に手つだわすなとのふれが、村から部落へ伝えられる。休みの日、地元へやってきた大同毛織守山工場の民青同盟の四人の男女労働者がアゼ道にたった。ことわる言葉につまって、「苗の腰を折るでいかん」といったある農民に、四人は言った。「ぼくたちも家は百姓だよ。ここらくらいじゃない、二町も三町もつくっている信州や新潟の百姓だよ」きれいなズボンをまくりあげて入りこんでしまった四人は、手つきもあざやかに「真っ四角に」うえて去ったのである。

村民の署名活動　栄

田植がすんで、ついに行動隊は炎天下を名古屋街頭の署名運動にでる。署名を多くしてくれるのは、やっぱり労働者であり学生であった。かってを知らぬ農民に労組が机や湯茶の世話をしてくれた。栄町で警官に干渉され、主婦が泣きしゃべりで抗議しているとき、かけつけて警官をおいはらってくれたのは、近くの産別会館の労働者であった。

農民は、ようやく、味方と言うものを知りはじめたのである。世論の力と言うものを感じ始めたのである。時勢のうごきを身につけだしたのである。

行動こそが経験を生み、信念をそだて、血と血をかよわす源泉であった。

重敬さはあたまがちがう
—青山地区の動揺—

二市三村の足なみは、そろわなかった。

春日井市議会はようやく反対決議をし、反対運動にともかくのりだしたが、青山は……北里・小牧への出作地をあわせると二五町七反、二百戸の関係者をもつ豊山村は、動く気配をみせなかった。青山のあるおじいさんが田のほとんどをとられる心配に、あたまへのぼってしまって、朝、田へ出かけて戻ってきたなり倒れて、夕方には亡き人となってしまったと言ううわさは、風のように村々へ知れわたって、ますす人びとの心を悲しませたのであつたが……。

「重敬さが動いてくれたら」。豊山村だけではない、小針・市之久田の期待もそこにあった。が、豊山村長・井上重敬氏は、北里村長以下の丁重な申入れにも、共同歩調の態度を示さなかった。愛知県の町村長会副会長で、西春日井郡の町村長会長、大村長としてきこえた「重敬さ」は、東大の出身、弁護士生活の中ではとかくの風評もあったが、満鉄へわたり、戦後ながく離れていた村へ帰るや、混乱期に嘱望されて村助役となり、こえて二十二年村長におされてからもう三期をつとめる。友人はすでに大臣・局長級と言う重敬村長は、代議士・県議もこどもあつかい、他町村が「供出米」の割当で陳情に行っても、いやそれどころが部落で田を見てくれと言ってさえ、「おれなんか見てもわからん」とみこしをあげぬ。そのくせ割当がきまったあくる日あたり、一人でぶらりと県庁へでかけて、自分の村だけ結構、減らさせてくる。補助金でもそうだ。「重敬さは県へきた金は西春へ、西春の金は豊山へ、村の金は青山へ、青山の金は自分の家の前へとらっせる」。事実、三十年春からはじめた青山の部落の道路舗装は、重敬村長の屋敷の前までしかれたのだ。ジェット機のオーバーホールをやる新三菱重工小牧工場を誘致したのも重敬さだった。かれは三菱から税金をとらない、そのかわりにあるていどの寄付金をとる。そうすれば税金のように県にはとられず、まるまる村にはいってしまう。だから村の税金は他所にくらべれば安いと言う。村民税は部落ごとの報奨制度、だから滞納はほとんどないと言う。村会は開いたことがない。車座になっての協議会、それどころか村会の選挙もやったことがないのだ。たいして財産もあるわけではない。自分は酒ものまぬから、村会にものませようとしない。だが文句の言えるものはいない。「重敬さはあたまがちがう」のだ。

飛行場拡張の問題がおきても、重敬さはどこふく風、簡易水道の工事にかかりきった。負担がえらいとの声があっても、それはやがて忘れられる。さすがに気をもみだした青山の農民に、市之久田では縁故知りあいをたどって言葉をかける。八十人が五月下旬、ついにたまりかねて役場へいったが、出てきた重敬さは一言、「いそがしいのにそんなにむりせんでもよい。わしにまかせておけ」それでかたづいてしまった。上小針から大野春吉氏らが、CBCの録音テープをもって青山へのりこみ、お寺で懇談会を開いたがそれもそのままになってしまう。

三回の基地拡張で、青山の農民は、百姓でなくなってしまった。

（注、昭和十七(1942)年に、陸軍により名古屋防衛基地として西春日井郡豊山村の豊場・青山・青山新田の農地奪われる。昭和二十(1945)年　米軍基地として接収。その後三度にわたって基地拡張がくり返され、田畑を取られた。）

この当時、一戸あたりの平均反別は二、三

反、百姓だけでくらしているという家はごくわずかになり、土方・日やとい・つとめ人がほとんどだ。これらの人を集める土建のうけおい師が部落に何人もいる。対策委員会の井上浜吉氏自身、共立建設の親方だ。日傭とりとともに、ムシロ織り・ニワトリと現金収入の道にもっぱら頼って、百姓はとしよりと女の仕事、若いものは百姓をやりたがらない。「今度もどうせあかん」と、田を多くとられる人たちのあいだには、はやくも薬師寺・藤島・六ッ師部落の方にまで手をまわして田を買った人もあった。

重敬村長は、「わしがちゃんと毎日方々へ足をはこんで骨おっちょるで安心せよ」といったが、その実あまり動く気配もない。関係市町村の形勢をながめて、ひとのふんどしですもうをとる作戦とは見えた。

小牧市南外山の方は、これまた青山と似かよったありさまだったが、飛行場正門の北一キロ、多くの家々には、小家(こうえ＝はなれ)や納屋・トリ小屋を改造した中に、「パンパン」と呼ばれる女性たちがアメリカ兵を引き込んでいる。名犬国道沿いだけに、地価もこれから上がろう。こうした中で小牧市長加藤諦進氏は、「小牧をモデル基地にしてほしい」との陳情書を調達庁・自治庁にだした。「小牧山の西ふもとに『健康であかるい』小住宅三百戸、飛行場・住宅地のあいだに直線の専用道路。大ホール・テニスコート・散歩用の山路」などつくると言う。そして、「昭和二十八年に接収された十四町五反について、その後二年間の市税相当額を補償するなら、拡張に賛成する」と言うありさまだった。そしてこれらの青山・南外山とも、上小針・市之久田のうごきを見まもったのである。

八人組

—小針地区内の矛盾—

上小針・市之久田には、当局の圧迫、きりくずしが集中しだした。

県警察本部・西枇杷島署が買収・おどかし・スパイ工作におどる。一、二の青年は、過去の小さなあやまちや酒がもとで、かれらにひきこまれかかる。親戚関係をたどって泣き落としにかかる。

副委員長の大野春吉氏(三八歳)は、久男前県議・村長とともに陳情に奔走する。春吉氏の家は上小針一の大地主、かつては二十町歩以上もあったといわれるが没落し、春吉氏は中学校の先生から戦後は米つくりの先生となり、尾張一帯に大きな影響力をもった。このたたかいがはじまって以来、その弁舌をもって先頭にたち、「骨になっても土地を守る。第三師団(愛知出身の兵士中心で編成された旧陸軍部隊名)の突撃を知らぬか」と国会で熱弁をふるった。

計画がすすまぬのにあせる鳩山内閣は、八月五日、声明をだし、「基地拡張はやる」ことをはっきり決めた。

「拡張は原水爆基地のためのものではない。アメリカの基地といってもゆくゆくは日本のものになる。国民として協力してほしい」という内容だ。

このころ、部落内では、対立が表面化しつつある。七月中旬、土地不売同盟の誓約書の調印に、上小針で四人の拒否者がでたことは、部落じゅうを大さわぎにさせた。

「地元に不統一がある」……この印象をあたえてはと、極秘にされた問題が、新聞に書かれてしまったのだ。中心になった大野四郎氏は、もと村で食いつめて名古屋へでた人。商売がうまくあたって、伝馬町で大きな店をもつ呉服屋となったが、戦災で焼け出され、ふたたび村へ帰ってきた。金のものいう世の中とて、しだいに部落で力をもち、村会議員の大野村議なども、娘の結婚で大分せわになっているとの評判だった。「あんな身上(しんしょう=財産)無しにしたやつ」とマユをひそめる人々も少なくはなかつたが…。

戦後何回と重なる選挙にも、四郎氏は部落で別派だった。衆議院には神戸真の大勢に逆らって早稲田柳右衛門、知事には吉田万次にたいして桑原幹根、そして庭師の吉田義光氏が計画して師勝の高木技師にたのんだ用水工事も結果は、四郎氏の手柄となり、四月の県会も部落じゅう久男氏に必死の中を高木哲之助当選。このため久男氏落選のうらみは四郎氏に集まった。

上小針には同年者のお日まち仲間で、五十代に交友会、四十代に一級会、三十前後で愛友会、高木派の同志会というのがある。戦後の農村の例とて、上小針も若手の発言力がつよまり、かつての小作、いま一町前後の人々が、実行組合の仕事などを通じて実力を持ち始めた。この一級会・愛友会の中に「八人組」とだれ言うとなく呼びだしたグループがある。久男氏の選挙にもとくに先頭にたったこのグループは、反対運動にも強硬派だった。部落で八人も組んでいっしょにしゃべられた日には、だれだってかなわない。この八人が、四郎氏を対策委員から除名を要求してリコールまで準備してかかったのだ。四郎氏はついにやめさせられた。このことがもとで四郎氏らは連判を拒否し、四郎氏と出入りの貧農孝一さんは、とうとう除名になってしまった。

「地元の事情がすぐ県へつつぬけになる。四郎氏が電話で高木県議へ連絡をとっているのだろう」と言われた。その後、市之久田部落が仲裁に入り、酒を持っていって仲なおりということになる。

しかしその代償としては、四郎氏から、消防の水槽の費用二万円を部落へ出させるということで、解決した。だが、たたかいの中で、弱気や慾にからんでの切り崩しは、つきものであった。おそろしいのは意見のちがいや個々の策動だっただろうか、あるいはまたくさいものにふたをすることだっただろうか。そうではなく、たたかうため部落じゅうにことがらを明らかにして十分話しあい、みんなの目で裏切りを許さない力を作りあげることではなかっただろうか。

四大国首脳会議の成功、八・六大会をへて、村では上小針・市之久田の申入れで、千名の村民大会を開く。この村民大会にとって、上小針・市之久田では、大きな不安があった。はたして集まってくれるだろうか。……じっさい、巳新田・多気などの総寄りでは、「小針の奴ら、いまごろになって頼みに来やがって、金で売るつもりのくせに」と言う話がふりまかれていた。

だが、村民大会は大きな前進をしめした。「世界は平和へとむかっている。なぜ拡張をやめないか。長期になればなるほど有利だ。何年でもがんばろう」、はじめて公然と語られる。各部落から二十八人の農民・労働者・青年・主婦・坊さんが発言した。基地拡張はもとより、「撤退」が要求されたのである。

行動隊は活動する。砂川へでかけ、署名運動をくりかえし、村内にビラをはる。

しかし、部落の人々の気もちは、複雑だった。行動隊が署名運動で世話になった名証券労組の闘争に、米を持って行こうとしたことから火がついた。「行動隊が部落をひきずっている。」『保守の方にたいしてまずい」こんどは行動隊にたいして八人組がさきにたって攻撃する。対策委員会から非難が集まる。「これからこそ世話になるで、各労組もあいさつにまわりたい」と行動隊は言うのだが……。

「よいことをしてうざられる(叱られる)くらいなら、行動隊などやめだ」と不満がふきあがる。いく晩ももめたすえ、義光委員長が手をついて、双方水にながすことで収まったものの、行動隊役員は『しみたれて(なげやりになって)』よりあいにも出てこなくなってしまった。若い人たちのあいだには、承知できない空気があった。こんなことなら行動隊を解散し、はらのすわったものだけで立て直せというあせりもあった。この問題をむしかえそうと言うのである。

行動隊の人たちは、夏からの行動の中で、基地拡張に反対するものがたがいに手をにぎってたたかわねば勝てないことを感じだしていた。それにまた、田んぼをほかって自バラで名古屋その他へ出かけて行くことは、手間のない人たちにとってはとくに大きな負担だった。外部から送られるカンパを喜んで受けとるべきではないのか。そうした気もちも、十分根拠をもって話し合うということもできないまま、ことは感情的なものとなり、それをまたいっぺんにおさえつけようとしてしこりを残していくことになってしまったのである。

愛労評は、春日井に現地対策本部をおき、工作者が交代で常駐した。が、じっさいの外での活動は……機関紙での宣伝やカンパ集めはされたが……続かない。ある労組の幹部はいった。

「地元が外部と手をにぎつてくれんで、何をしてよいかわからない」たしかに、そういうことも、本当にあつたし、無理もなかつた。しかし、それは、『無理もない』ですむことだったろうか。

自己批判
―共産党、反省を公表―

この頃、巳新田のムシロ織小屋では、はげしい、しかし真剣な議論がくりひろげられていた。

日本共産党の「第六全国協議会」の決議が「アカハタ」に公表されたのは、七月三十一日である。党の統一の回復へ、極左冒険主義のあやまり克服……ソ連・中国の干渉下に作られた派閥＝徳田野坂分派による一九五〇年の党「分裂」が破綻したこの「六全協」決議は、かれらに大きな衝撃をあたえていた。朝鮮戦争とサンフランシスコ・安保条約下、平和と独立をめざしつつも、曲折に満ちたきびしいたたかいをへたものにとって、その時点にあっては、ひとつひとつが胸を刺し、目をひらく内容であった。これに照らして、自分たちが国民全体にはたすべき責任、さらにそこから村のなかでの活動にきびしい自己検討が迫られたのである。

村民との結びつきの困難、……それは反共の偏見との苦闘であったが、はたしてそれだけであったのか。村の中にさまざまな勢力の矛盾や思惑があるのは当然である。しかし、小針・市之久田の農民のたたかいの中で、村民大会は「基地撤退」を決議した。ところが党は、これまで村の上層部のうごき……そこには基地拡張への動揺がたえずくり返されていたが……を単純に村民のたたかうべき敵、売国的反動勢力と規定し、この「敵」とのたたかいへ村民をむけようとしていた。下からの力で村民の共同のたたかいをより広げるときではないか。そして、工作隊と村民との結びつの思いきった改善が必要ではなかったか。

「工作隊のおわびと決意」と題したビラが上小針・市之久田の家々に配られた。

工作隊のおわびと決意
団結を一層つよめるために

村民大会にあらわれた北里村民のみなさんのかたい団結《だんけつ》と決意に私《わたし》たちは心から敬意《けいい》を表します。

「この小牧基地拡張《きちかくちょう》反対は、ただ村民の土地の問題だけではなく、人類に奉仕《ほうし》するけだかい気もちでの問題だ。かならずすべての人にうけいれられる」

「アメリカのための基地《きち》が、日米安全保障《ほしょう》条約《じょうやく》できまっていることがわるいのだ。条約《じょうやく》をやめ、全国一つの基地《きち》もなくすまでがんばろう」

「憲法《けんぽう》で人権《じんけん》を守る、平和を守るといいながら、こんなかってなことができるのか、平和憲法《けんぽう》をまもれ」

私《わたし》たちは、こういうみなさんのことばに、ほんとうにおしえられました。私《わたし》たち工作隊がみなさんの村にやってきて以来、今日ほどふかくみなさんの祖国《そこく》を思う気持、平和の願いに心をうたれ、おしえられたことはありませんでした。

私《わたし》たち工作隊は、いままでの活動について深く反省しなければならないと思いました。もとより日本共産党《きょうさんとう》は、平和と独立《どくりつ》、民主主義の日本をつくることをただ一つの使命としている政党《せいとう》であり、全国民の死活にかかわる小牧の問題について、みすてておくことはできません。

現地《げんち》のみなさんと苦労を共にし、皆《みな》さんのお役に立たなければならぬと思って私《わたし》たちはやってきました。私《わたし》たちは、県内はもちろんのこと、遠く三重、岐阜《ぎふ》、福井《ふくい》など各県からはせ参じてきました。私《わたし》たちが小牧へゆくというので、何百何千の労働者や長屋のおばさん、青年が運動資金《しきん》を、なけなしの財布《さいふ》をはたいて寄付《きふ》して下さいました。家も面倒《めんどう》みてやるからといって支《ささ》えてくれています。

このようにして私《わたし》たちは北里村へきました。しかし私《わたし》たちはみなさんから何度も手きびしい批判《ひはん》をうけておりますように、これまで多くのあやまりをおかしてきました。

＊県庁前《けんちょうまえ》の宣伝《せんでん》カーでさけびたて、その上みなさんにうるさくつきまとったこと。

＊公会堂のよりあいをたちぎきし、みつかっても正直にこたえずにげだしたこと。

＊反対運動の中心になってがんばっておられる人たちについて根もないわるくちをかいたビラをくばったこと。

＊つかれておられるみなさんの家で夜中までくどい話をつづけたりしたこと。

など、いろいろありました。

共産党《きょうさんとう》の第六回全国協議会も、こうした党《とう》のかずかずの不充分《ふじゅうぶん》、まちがいについてふかく反省しました。

私《わたし》たちのあやまりは、「自分たちだけが正しく、一人で反対運動をしている」かのような思いあがった考えがあったことでするせっかちであわてん坊《ぼ》のところがありました。これは口では団結《だんけつ》といってもこれこそ大きな団結《だんけつ》をこわすものでした。

みなさんにごめいわくをおかけしたことを深くおわび申上げます。私《わたし》たちはまず今日からこうしたたいどをじっさいの行動の中であらため、みなさんと深く相談し、いろいろおしえていただいてすすむことをお約束します。

わたしたちは村民大会の精神《せいしん》を私《わたし》たちの心として奮闘《ふんとう》します。

労働者も農民も政党《せいとう》も、文化団体《だんたい》も、党派《とうは》や考えのちがいをのりこえて、みんながより一層《いっそう》深く団結《だんけつ》するよう頑張《がんば》りたいと思います。

昭和三十年八月十八日

日本共産党《きょうさんとう》北里細胞《さいぼう》
責任者《せきにんしゃ》　吉田《よしだ》まさお

日本共産党《きょうさんとう》小牧基地《きち》拡張《かくちょう》反対工作隊
責任者《せきにんしゃ》　田中邦雄《くにお》

＊私《わたし》たちは巳《み》新田の公会堂裏《うら》に合宿自炊《じすい》

させて頂《いただ》いております。いつでも遊びに来て御意見《ごいけん》御注文《ごちゅうもん》などきかせてくださる様お願い致《いた》します。

……………………………………

率直でリアルな自己批判は、大きな字でふりがなをふった文章で、責任者の氏名まで明かにしたことをふくめ、部落の中で評判になった。

市之久田の農民たちは夕涼みと称して部落の辻で張り番をしてしゃべりあうのが毎夜だったが、この農民たちと気軽に話し相手になった一人の学生(愛知大学日比静夫君)に、かれらは「今夜もまたナスか」(工作隊の食事があけてもくれてもナスばかりと言うことは話題になっていた)と笑って声をかけるなど、垣根はすこしづつほぐれていった。

工作隊全員の真剣な討議でまとめられたこのビラをまとめて書き上げたのは、福井県から来ていた元名古屋造船労働者山川新二郎であった。

地獄の鬼

—調達庁長官と対決—

砂川町を血に染めた九月十四日の強制測量は、全国の怒りを呼び起こしたが、「砂川もけっきょく負けたでないか」「労働者もたよりにならないではないか」……不安が、小牧基地の地元にさらに広がったのは、これまでのなりゆきからも、無理もないことだった。そして政府は九月二十日、小牧・立川両基地の拡張、施設の使用を正式に決定する。

北里村・地元の合同対策委員会は、「小牧をさきに実施するとはなっとくできぬ。政府最初の言明どおり、五基地同時におこなうのでなければ承知できぬ」むねの声明を出す。

五月の政府陳情のあと、「立川・小牧・横田・木更津・新潟は、同時に着工・拡張する。小牧だけをさきにすることはない」むねの政府文書がきているという。このことといい、測量のときのいきさつといい、かえ地の話(調達局は四月に伊良湖にかえ地をあっせんするといったが、それがどんな土地であったか)といい、そのほか政府、政府と信用しておれば、何とうそっぽいことか。県にたいし、地元民は、怒ったのである。

それにしても、「五基地いっしょでなければ」とは、腰のよわいことばと聞こえるであろう。これまでも世話になり、力にもしてきたほかの基地に、あまりに義理のたたぬ、すまないことばではなかつたか。かえって弱気が広がりはせぬか、行動隊の人たちが気にしたのは無理も無いことであり、現地を知らない人には、危険とも映るであろう。しかし孤立、動揺する農民を全体として結集していくには、この後もくり返される動揺を乗り越える上では農民らしい苦心の策であったとも言えよう。

村長は、「絶対反対はもうとおらぬ。絶対の二字をおろさねば自分としてはやっていけぬ」と言い張り、村長に横をむかれることは、孤立を感ずる地元には苦しかったのである。

大野春吉氏にたいする不満がささやかれる。農地改革以来、部落での発言権もあまりなく、よりあいにもでてこなかった『大野先生』が、弁舌と見識をもって指導者としてあらわれたことに、感情的に気まずいものをもつ人々もあった。よりあいがあると、「またじまん話をききにいくか」などとのかげ口。『先生』が陳情で政府の高官に『小牧の拡張はまちがいだ』と言わせたということも、「話があますぎる」との批判もあった。

こうした中で、政府は、田の基本補償・反三十四万円、同意者には反五万円の協力謝礼金と売渡完了まで土地の賃借料をはらうむねあきらかにする。楠村・如意部落の十二戸の関係者は、「拡張に同意せぬなら、村を名古屋市には合併させぬ」との政府の圧力に、九月三十日ついに土地提供同意書・賃貸借契約書に調印する。十月十八日には、福島調達庁長官が、地元説得のために北里小学校へのりこんできた。見わたすかぎりの田、田には、稲の穂波ようやく重い。

秋雨の春日井・北里村の沿道一帯には、それぞれ地元の絶対反対のムシロ旗がたちならぶ。行動隊が電柱に、家々のかべにはりめぐらすポスターは、墨黒々と、

「土地は命、国の宝だ」「この稔りを見たら基地を拡張する気にはならないでせう」

「懇談会」を一方的に運営しようとする県の意図は、上小針からのものすごいヤジでふきとばされた。地元市・村の幹部がなだめても、なすすべもない。

福島長官がスマートなダブルの背広につつんだ巨体を壇上にあらわすと、さすが五百人の地元民はシンとなった。長官の話は相当ながかったが、要はただ一つ、「防衛のために、どうしても基地拡張が必要だ。国全体を考えたら、小牧はどうしてもやる」

質問・意見がつぎつぎにでる。前の晩、婦人会などは、夜どおしで寝ずに手はずをねったのだ。

「五つの基地をなぜいっしょにやらぬ」「基地をつくるなら、こんないいところに作らんでも、山林をならしたらどうか」「滑走路が短くてもとべる飛行機をつくれ」……それにひきつづいて、「防衛分担金を減らすのとひきかえの拡張は納得できぬ」。

八人組の一人、石黒兼男さんは言いきった。

「六尺の作道一つつくるにももめるのが世間だ。話しあいもせずに拡張と言う。このうらにはその衝にあたっておるもんの中に、もうけておるものがきっとある!」

相次ぐ村民の声

「土地をとられては……先祖に申しわけない。私は覚悟しております」と涙につまって手をあわせる老人、泣いておがむ母親。「子どもは家をとられ田畑も一切とられてよそへ越したら、知らぬところでよその子にかまわれると心配し、農学校へいっている子は勉強してもムダだとなまけている。わが家の平和をみだし子どもの平和をふみにじるあなたは、地獄の鬼だ!」とさけぶ農民、石黒義平さん。

長官は、顔いろも変えなかった。丁寧なものごしで、しかし、涙にも怒りにも哀願にも、くりかえしただ一つの答。

南外山の対策委員長が市の不誠意をぶちまけると、「小牧の市長よくきけ」「加藤諦進、聞いたか」と集中する。ヒナ壇の下から、「聞いとる！」と言い返す市長。怒りは爆発した。高木県議が壇上に呼び出されると、「地元のためというがなぜ一ぺんも来ぬ」興奮した高木県議が立往生すると、「顔をあらったか」「顔は朝からあらっとる！」攻撃が高木県議にそれてしまったなかを、福島長官は、閉会が宣せられるや、夕やみの校庭であとを追ってひしめく上小針の人々をしりめに、高級車でさっと姿を消してしまった。

夜はしらじらと
―市之久田地区の動揺と克服―

「どうしても外部と手をにぎらねば、百姓だけでは何もわからんし、教えてくれる人も頼りになるものもない」大野惣平さんを中心とする行動隊の人たちは、苦心をつくした。ことあるごとに、社会党や愛労評から人をよんで、ものを聞こうとした。全国軍事基地反対連絡会議の数回の集会には、上小針・市之久田の代表をそのつど出すことができたのであるが……。

「稲かり、とにかく秋がすむまでは」と、のらりくらりと返事して切り抜けた豊山村や春日井も動揺は深まる。

県の対策協議会をボイコットしていた北里村が、九月の閣議決定以後、村長の出席をみとめたあと、村長への圧力はとくに加わった。村長はもともと政府や県など「お上」にたてつきたくはない、手むかいなど見ぐるしいことはしたくないと思っている。村の事業を何かするにも、保守に見はなされでもすればこれから困るし、……というわけで村長から上小針・市之久田にたいして、「絶対反対の態度を変えよ。そうでなければ自分としてはやめるほかない」と言ってきた。

市之久田は動揺する。戦後相当の小作地が解放され、地主だった人々の勢力はほとんどといってよいまで無くなったこの部落は、非常にまとまりのよい部落で、労組や政党がきてもわりあい容易につきあった。かつての小作争議のはたらき手、中部農民組合の組合員としてかけまわった十七、八才の若い衆も、いまは部落の中堅、眼もみえるし口もきく、滑走路のほとんどはこの部落の土地、それだけにこの部落のしぶとさはたたかいの大きな力だったが……。

弱気はさきの勘定となる。それに村長にやめられたら、このむつかしい最中に、村長を引き受けるものが誰があろう。そうなるとほかの部落からも憎まれる。このへんがもう潮どきではなかろうか。口にのぼった弱気は動揺を生み、対策委員会はいつまでも結論がでない。夜中の二時、「総寄り」が、かかった。部落じゅうがたたき起こされた。

めだった意見も知恵も出ない、「村長に一任しよう」とついに落ち着きかけた五時四十五分、「ちょっと言わせてくれ」と口をきったのは、名古屋市の小学校で先生をしているヤッさ＝船橋安夫さん。「みんな闘争、闘争と言うが、闘争に入るということは三十五万をのむということだよ。この田畑を三十五万で売ってもよいのかね。わしは勤めがあるでええが、よそこんとこを考えな、いかんぞよ」

（注＝ここで農民が『闘争』といっているのは、条件『闘争』のこと）

行動隊の人々がつづいて発言した。空気は変わった。これまでの態度は、どうあろうと守ると申しあわされる。夜はしらじらと明けはなれた。

大野惣平さんたちは、村長の意向と上小針の動揺の中で苦しんだ。正直一方で口下手、むしろ苦労性の惣平さんは、対策委員会の内意がなければ、行動隊の指導者となるような人ではなかった。田七反、畑四反、奥さんは三年ごしの病気、長男はまだ農学校へ行っており、手間は自分一人、それも四反も田をとられては、百姓以外にいく道はなし、かといって百姓では生きられぬ。行動は惣平さんをきたえ、いろいろな人の意見をいつも聞く中で自信も生まれた。惣平さんたちはついに行動隊として、砂川の副行動隊長宮岡政雄さん、青年郷土愛好会清水和子さんたちおよび社会党国会議員成瀬幡治氏との懇談会を、初めて

上小針で開いた。(注、宮岡氏は後に立川基地拡張中止後、暴力的学生運動に同調して極左派に転落)

八人組は行動隊を攻撃する。その一人大野正敏さんはまだ三十こしたところ、一町の田のうちとられるのは八畝、もとは小作だったが、いまはオートバイも持ち、実行組合の園芸部をやっている。はじめは超党派の反対を主張もし、のちは外部に利用されると警戒した。言い出したらひとの意見はきかぬ。それが、「行動隊を解散し、村一本で仲よくいこう」と言い出した。もちろん、それができるものではなかったのであるが。

五つの基地

―部落の統一、苦心の策―

『秋』もすんで、青山部落もよりあいがつづく。十二月十八日夜、総寄りはついに表決となった。百姓でもなくなり、かかる土地も少ない人たちは、もう、なげている。四十人が欠席のまま、「×―三三に対し、○―四三」で土地売渡は同意と決まる。二十六日同意書・賃貸契約書調印、三十日、南外山部落も調印した。

上小針・市之久田は、ムギもまき、肥料もいれる。青山の農民に田で出会っては、「播け」とはげまし、青山も南外山もムギをまく。

新しい問題があたまをもちあげてくる。多気・巳新田からである。

拡張されたら、川(用水)も道路も全部、つけ替えなければならなくなる。そうしなければ、川下の部落には水がこなくなる。ところが、用水をかえれば、新しく相当の田がつぶれる。その場になってあわてても、安く買いあげられては困る。いまのうちに飛行場なみになるように条件交渉したい。上小針・市之久田は自分の慾ばかり、すきなつよがりを言っておられては、ほかの部落が迷惑だ。村民大会も協力してやったのだ。おらん方のことも考えてもらいたい。……上小針の家屋のかかる人たちが、こっそり十三塚に宅地を探しに行ったことは、火に油をそそいだ。

上小針・市之久田では、いちおう最悪の場合は責任をもつと申入れたが、問題は糸をひいて残る。

年があけて、昭和三十一年、正月の二日から、はやくも連日のよりあいがつづく。

家も田もとられる人たちの悩みは、いまは深刻なものとなってきた。「百姓がよそへ引っ越していったら、知らぬところでは一代あたまがあがらない」「田畑が少しでもある以上、よそへ行くわけにはいかない」「部落の北のほうには、畑も持っていないし…どこへ引っ越したらよいのか……」「そのあてもつかぬままに、がんばりとおして強制収用にでもなったら、いったいどうなるのか」かつては外部との結合に慎重な部落のゆき方に不満をもって「自分一人でも特定の人に委任してまでやる」と言ったその人が、「絶対反対ではもうついていけぬ」

と言い出す。

実行組合の総会で一ぱい飲んだまぎれに、行動隊のある人と、四郎氏出入りの孝一さんとが、はげしい口論になった。仲裁に入った一人が、「お前も小針の人間だ。小針のものは小針にいつまでも一緒に住むのだ。気をつけてものを言えよ」といったとき、孝一さんはオイオイと声をあげて泣きだした。孝一さんもまた家のかかる一人だったのだ。

不安は、人の心の弱さをさらけだしてゆく。それでも赤線区域内(家のかかる人々)はまだよいと言う。あの連中は、家をとられても金をもらってこせる。だが、拡張されてしまったら、赤線区域外の家々は、住むに住めず、越すに越せない。そのときになってあわてても、もう遅い。今のうちに「周辺補償」……移転料をもらって引っ越すことを考えておかぬと……。豊山村の重敬さは、はやくも「村じゅう全戸防音装置」との条件をふっかけたというではないか。春日井も同意はしないが、条件のまわし(準備)をしているというのを。「まだ潮どきではない。だが、いまはつっぱりながら、いずれときがくる」四郎氏は、そう、うそぶいていた。四郎氏の家に、ふたたび夜々、人の足しげくなる。大野村議らがその常連であった。

大野太吉・正敏さん父子から、「いきのようにさきの心配があっては、たたかえぬ。いまのうちに最悪の場合にそなえて、その話を決めておこう」と提案される。部落じゅうの北の方にある畑を、将来ひっこしたときの宅地として、割りふりを決めておこうというのだ。
「そんなことをきめたら、もう負けるときめてかかってにげ腰になるもとだ」と反対がでる。この問題は、これ以後、ことあるたびにもちあがるのである。(注、既に役場の吏員は線引き案を作り始めていた)

村長は、「条件に入らねば辞める」とふたたび言ってくる。義光委員長と春吉氏の知恵で、「条件を出す。ただしわれわれの条件は、『五つの基地が四つまでですんだら拡張に応じよう』だ。金ではない」と言う案が出された。上小針・市之久田はまとまった。

雲がくれ

―村長の圧力に反発―

「条件闘争と言うなら、用水・道路つけかえの測量をさせよ」村長からは、そう言ってきた。両部落はいちおう認めたのであるが……市之久田の一月十八日夜のよりあいは、吉田均氏をはじめとする勤め人・インテリの力で、結論をひっくり返された。上小針への緊急の申入れ、あくる朝はやく、上小針公会堂へ集まった両部落は、測量を断るむね電話で調達局へ通告する。こんなことでこれまでのたたかいを、終わりにしたくはない、村長が辞めようがひけるものではない。自信はあるとは言えなかったが、思いきって押したのである。

村長は、はたして怒った。その日十九日の村会でまっ青になった村長は、村長ばかりか木津用水理事をはじめ、公職一切の辞表をだし、そのまま家にもかえらず姿を消してしまった。かねてそのつもりだったのだろう、資産家の村長は十万円をいつもカバンに入れていると言われただけに、河和にある別荘か、温泉へでも行ってしまったらしい。村じゅうたちまちハチの巣をつついたようになる。歴代の村長を経験した元老が杖にすがってとび歩く。村会は色をうしなって地元説得にはしる。上小針・市之久田は夜どおしの総よりである。そして連日のよりあいがつづく。

だが、村長慰留となれば、「村長一任」をのまされてしまう。村長への期待は、たしかに小さくないとしても、それはあくまで金で売る話の上でのこと、それに村長の腰のよわさ、県や政府のいいなりになってしまいがちの態度はだれの目にも見えることだ。自分だけの都合でなげてしまったり、こんなことで足もとをみられてよいものか。

市之久田が小針に隠れてよりあう。義理や面子にかえられることでは、もちろんなかった。それにしても地元の不幸をダシにして、何十億の「公共補償」を要求し、ぬれ手に粟の予算をねらう県のやりかた……。

村長が辞めることにたいする不安はたしかに大きいが、地元住民自身の力の自覚なしには、何ひとつできない。そして村長にしてみても、ここで一たびなげてしまえば、一代の失策、政治的生命はもはや無くなるだろう。辞表をだしてしまう。二週間そのままに過ぎれば辞任は確定してしまう。村長としてもあせるところだった。

朝と晩で人々の意見がかわる。一口、よりあいで言えば一ぺんにえらい波がうちかえしてくる

「赤線区域内(家のかかる人たち)」は宅地の心配をひそかにつづけていたが、それがもれることから孝一さんを「はば」にする。不安にのぼってしまった孝一さんは村長の家にはしって指を切り、血をタラタラながしながら、「おれ一人でも調達庁へいってハンついてくる」と言ったという。

早稲田柳右衛門代議士がはじめて乗り込んでくる。「がんばっていたら、木にたとえれば枝葉もない木、砂を噛んだような味気ないものになって何の条件ももらえない」と述べたてた。

このさ中、日本共産党の工作者がビラをくばった。「ごくろうさん」と、このころは迎えられるようになっていた共産党のビラであるが、「強気の人も弱気の人も部落の団結のため話し合おう」というもの。これは、こういう事態の中では、その意図にかかわらず、「共産党も条件か」と受け取られかねないものであった。しかし、ある老人――巳三郎さんは、「泣いて

ハンをつく百姓の気持ちはしょせん動かされるものではなかった」と言いきった。内灘以来、全国の基地闘争歴戦の日本共産党員、日本山妙法寺のおっさま(和尚・西本敦さん)がやって来て部落を歩く。

久男前県議が「私は信念に生きる」と乗り出した。二月四日、ついに「小委員会」をつくって拡張問題にあたるとの条件で、「村政混乱をさける」と村長は弁解して復帰した。村会代表と小針・市之久田各五人、巳新田一人の小委員会は、「地元小委員の一人は村長指名」との案を事実上引っ込めさせる。

小針では、その前日、村長への非難を気がねする人と、村長が辞めてもと主張する人々のいる場で、義光委員長・大野一九郎副委員長が辞表をだし、春吉副委員長も行動を共にする。老人組・婦人会が泣いてたのんだが春吉氏の辞意はかたい。つづいて六日、加藤勘十・西村力弥両社会党代議士、砂川青木市五郎行動隊長を迎え、村長の意向をおし切った市之久田が懇談会、さらに県開発事務所の河川道路のつけかえ測量にたいして、百五十人が雪の中をほおかむりして集まり、拒否する。村長は「辞める」と怒ったが、いまさらそれもならず、夜どおしの寄合いのあと、市之久田の会社員吉田敏治氏が代表して村長を説得し、結局、「公共の河川敷・道路に入らぬこと」という条件で測量を許した。河川・道路の移動を河川・道路以外に入ってならぬとすれば、まともな測量はできるものではなかった。

「人の心は波うつが、波うちながら強くなるものだと分かった」惣平さんはしみじみと語った。

地元小委員会は……市之久田では測量拒否の先頭にたった吉田均氏が委員長となり、上小針では義光氏以下四人が選ばれる。五位になった春吉氏の票が、疑いをもたれながら無効とされて、五人の委員は一人が欠員、委員長は引きうけ手がないまま、四人の共同責任となる。

周辺補償
―条件の策動―

家のかからぬ人たちには言い分がある。こ

れだけたたかってきたのにという気もちがある。拡張されたら、住むに住めない悩みがある。どうせだめとしてみても、移転料なりと取って引っ越したい。そこまでは引っ張ってがんばろう。……それにしても県などはあてにもならぬ。第一、「公共補償」だなどといって、防衛道路や公会堂・学校・診療所など五十倍も要求するくせに、地元のことなど問題にもせぬ。人の不幸をダシにしてもうけるつもりか。その上これまでの意地もある。県へなどあたまを下げて行けるものか。そしてまた、早稲田代議士も、「三月までまて。そうしたら周辺補償を議員立法で国会へだして、とれるようにしてやる」といっていた……。

八人組の大野正敏・大野初男さんたちもそれであった。いわばかたき同士であった四郎氏と主張は似かよってくる。「最悪のばぁいには、部落そろって移転することにしよう」と、ふたたび予定の宅地の割りふりを決めておくことが、安心してたたかえるためと称して出されてくる。

初男さんはもと春吉氏の小作、戦後は相当の経営で三十一年度は実行組合長であった。田八反の大半をとられるはずだったのが少しかわって二反とられることになり、金とり仕事にでるにはかえってその方がよいくらい。前の「はなれ(小家)」まで危険区域としてかかるだけに、初男さんも心うごきだすのだ。

しかし移転さきと言う北の方に畑を多くもつ人は、ここまで強いことを言ってきながら自分の逃げ支度だけで畑をとられてはと思う。それは内輪もめのもとであり、しかもけっきょく条件闘争と、くずれたっていくもとであった。八人組自身もこれからくずれはじめる。

大野村議が移転に同調する。四郎氏はいまは対策委員の選挙(連記)に落ちたとはいえ二十票を獲得するところまで盛り返していた。三月中旬には未調印のまま条件交渉をつづける春日井と上小針・市之久田の懇談会となる。

惣平さんたちは、何とか小さな行動をくりかえしてみんなを励まそうとする。負けたときの補償でなく、いま日々の爆音・爆風の補償はできぬものか。三月二十六日の一周年祈願祭に、はちまきを絞めて熱田さん(熱田神宮)

へお参りしたらどうか。一つ一つがとおらなかった。
それにしても、一月の村長問題を乗り切ったことは、やはり人々を力づけていた。そうだ、むこうが、政府が、どうでも拡張をしなければならぬものなら、もっと何とか言ってくるはずだ。げんにまだ、県やそんなところばかりで、政府自身は一ぺんも何も言ってこないではないか。がんばればがんばれるものだ。強制収用など、脅かしだ。

四月三十日、春日井はくずれた。百四名が同意書・賃貸契約書・念書に調印する。十数人が拒否したものの、「反対するものが一人でもあれば、賃貸料を去年十二月にさかのぼってもらえぬと一人一人くずされた。「アメリカ合衆国との行政協定によって土地を提供する」上は、「賃借者たる政府が地上において何をしようと干渉する権利を放棄」するむね明記してあるのだ。

早稲田代議士の公約した周辺補償法は、国会では問題にも上らない。五月十七日、田中名古屋調達局長は、「滑走路先端より五百メートル以内の家には、最高百万の移転料を出す」むね発表した。しかし、これまでウソでかためた政府の話、うっかりのったらどうなろう、すぐに食いつくわけにはいかない。
とはいえ二月以来、政府も県も三カ月余にわたって北里へボソッとも言ってこなかったことは、かえって内心よわ気の人たちを心配させていた。このまま何の話もなしに強制収用などになったらとかえってあわてるのだ。そこへ、「拡張は滑走路までで、危険区域は中止になる」とのデマもながれる。それは心の中では移転補償を考えている人たちをあせらせた。危険区域が中止になったところで、爆音の苦しみに変わりはありはしないのだ。

田植え前に、たわけた……

―再度、拒否―

国会は、小選挙区法案が審議未了のうちに会期切れとなり、参議院選挙がはじまった。アイスランド・セイロンが外国の軍事基地撤去を決議する。日ソ国交回復の交渉が目のまえとなる。

砂川は……あの血の弾圧はかえって農民をきたえ、全国民の支持の中に、四月二十八日には、滑走路正面で土地買上協議通知書をやきすて、火まつりをおこなった。そして、沖縄全県民の同胞は、プライス勧告をけって基地反対のたたかいにたちあがる。……

「基地拡張は、時勢にあわぬ」「世の中は生きておる！」と小針の老人吉田巳三郎さんがしみじみ言った。

そして六月二十六日、村長名をもって、「同意か反対か回答をもとめる」むねの通告が、上小針・市之久田全戸にとどけられた。

地元では、すぐ全員、田から呼びあげて、合同総よりをひらく。「一応、村長の話を聞こう」と決まったが、出てきた村長は、「調達局長が中央への報告のため、形だけでも出してくれと言うので出した」としゃべってしまう。「いつでもそういうもんだ」「田植まえで忙しいに、たわけたことを……」と、全員、「五基地のうち四つすんだら拡張に応ずる」例の線をかいて一括回答を出す。

そんなことより、田植だった。今年は雨が多く、麦かりもおくれた。「秋(農繁期)」くらい、何もかも忘れたかった。そして、去年は惜しんで入れなかったワラを、今年の田植まえはみんな田に敷いた。ワラは冬の麦にならねば、こえに利かないのだが。むこうも、本気とは思えないし、いままで続いてきたのだから……。

選挙だ。参議院地方区の選挙に、篠岡村の神戸真氏が出馬する。県議生活二十年、国会へも出たこの老政客は、舟橋久男氏をつうじて小針には絶対の地盤をもっていた。ここ数年は、衆議院の選挙のたびに落選のうきめにあっていたが、こんどその政治生命をかけて参議院に打って出た。自民党内部は、大もめにもめる。「かんべ」はガンとしてひかない。同じ地盤にあるだけに、早稲田代議士は「かんべ」

の参議院立候補を後援する。ついに三名立候補にたいして三名公認をおしとおした「かんべ」の信念(?)に同情は集まる。

上小針・市之久田は、はじめ、選挙の部落推薦について口を出す者はなかった。とはいえ、「かんべ」は地元である。これから先は「かんべ」・与党の「かんべ」に厄介にならねばならないだろう。けっきょくは保守に頼らねばならないだろう。そして四郎氏が、田植のいそがしい中を孝一さんをつれて飛び回る。「かんべ」は、北里全村の七〇%の票をかっさらった。行動隊・青年層の応援で、社会党成瀬幡治氏は三三七票、三十年二月の衆議院総選挙二一九票を上まわる。共産党は、総選挙九一票から参議院地方区六一票となる。(西春日井郡全郡としては、社会党衆議院五九八九票　参議院地方区五八〇八票、共産党衆議院七七七票　参議院地方区一〇四一票であった)

草ばやし

—広がる分裂策動—

政府は、忘れてなどいない。調達局は、選挙がすんだすぐあくる日、七月九日、トラックを大山川の堤防に乗り入れて、「耕作者以外立入禁止」の立札を青山がわの田に打ちに来た。いち早く見つけたおばさんから、おりから総寄り中の青山の人々に知らされる。「やいやい、だちかんぞよ」色めきたった人々は総出でかけつけ、先にたった一人はいきなり立札を引き抜き、交渉の結果やめさせた。たたかえなかった青山の最初にして最後の大衆行動だった。「ぬすと(盗人)ネコみたいなことせんで、正々堂々と来い」と人々は吐き出すように言う。

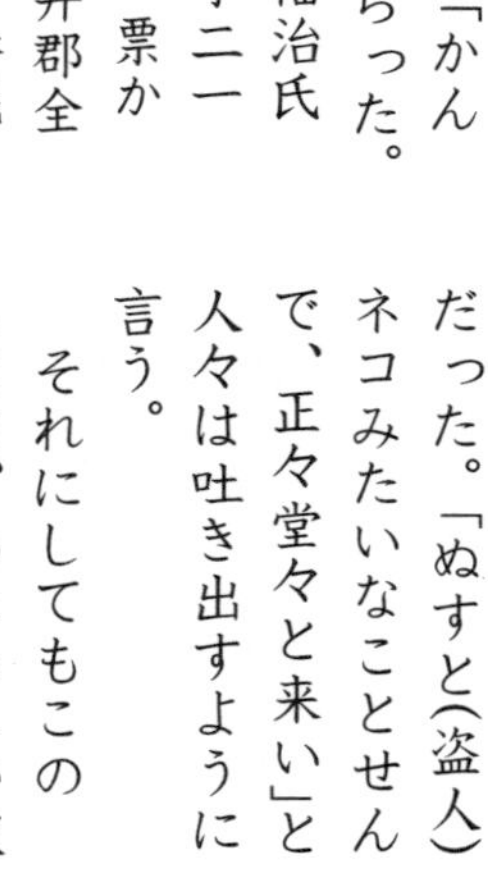

それにしてもこのことは、あたらしい政府の動きを感じさせた。

ひき続いて調達局は、すでに賃貸調印した北里以外の三市一村に、「予算がないので賃貸料は出せぬ」と言ってくる。いわずとしれた売りわたしを急がすための新しい手とはみえた。「そんなことなら今までもらった分を返すか」

「今までは貸しておいたのだから、その分はもらっておけ。しかし今からは金をくれんなら一切何もさせん」……田をたくさんとられる人たちの中には、そんな声も出るものの、けっきょく強がりでしかなかつた。大勢は村長から何とか出すように話してもらうことになっていく。

そのあいだに……横田基地がくずれ去ったことが、風のたよりに伝わり、村々にまき散らされる。

すぐる三月六日ごろ、砂川町「条件派」の人々の発起であろう、砂川・小牧・木更津の条件派の会合が秘密裏に多摩の山中で開かれたとの情報が、砂川の反対同盟から伝えられた。同じころ、青山・南外山からは、たしかに役員が上京したもようだ。何にしても、それまで「反六十万円」くらいのはらでいた三市一村の人々は、三基地条件派の統一した条件として、「反九十万円」の線をだして行動してきたのである。

横田妥結の情報をいちはやく知った愛知県では、県対策協議会として水野副知事以下三市一村の代表(ただし名古屋市楠町はもと楠村の代表)らが、七月二十日上京し、条件交渉をおこなった。地元には何の話もないまま、九十万の条件を五十万にひき下げ、同時に二十億の「公共補償」をもとめる。横田基地の地元瑞穂町が、田基本補償三四万、立毛補償八万と代替地とで手をうたされたところから、五〇万程度なら色もつくし、県の顔もたつともくろんだものとみられた。地元は怒るが、県を離れて自分の力で交渉する自信はなかった。北里村にたいしては、「これ以上反対したら、相手にしてもらえなくなる。県から見はなされたら、最後だ」

上小針の大野四郎氏宅へは、毎夜のように人かげがよってくる。村議や大野正三氏、孝一さんばかりではない。いまは一年前に四郎氏を村八分した「八人組」のうちでも真っ先だった初男さんが、正敏さんが、吉田良一さんがよりあってお茶を飲む。「最悪のばあい」にそなえての「周辺補償」による移転さきの相談が、またしても蒸し返される。「早稲田代議士に、いつが潮どきか聞きに行こう」との提案が出る。毎夜の対策委員会は、条件の話が座を支配しようとする。村議を中心に、初男・良一・正敏さんらは、いっせいに述べたてる。行動隊長の惣平さんは、委員会ごとにただ一人でがんばらねばならなかった。

しかも、あくまで反対の気もちの人たちは、まとまることがなかなかできない。

川ざらえや道なおしの部落の使役にでても、条件を言う人たちは大っぴらに話し合いだした。惣平さんは、土地をたくさん取られる人たちや、強い気もちの人たちを集めて話し合う。だが、ここでいっしょに反対を言いはったら、「あれが村を二つにした」と言われはしないだろうか。

真夏の日は、照りに照った。

惣平さんは、手間がない。つかれた体にむりをかさねておくれた田の草とりを続けておると、あたりの田から二人、三人とよってくる。何とかして惣平さんを説得しようというのだ。知らぬ顔は、部落の仲同士ではできない。相手になっておれば仕事はできない。そして夜は、よりあいだ。

奥さんの病は、夏の暑さに重くなる。むりをして家の仕事をしてきたものの、ついに体は続かず一時奥さんは在所へかえって休む。だが一家の主婦がいまになって在所へ帰っても、気安く寝てはおられない。家は家で、日くれてかえった惣平さんや息子さんたちが、足も洗わず洗濯や炊事のありさまだ。奥さんはいく日もしないのに、また帰ってきてしまう。

反対の中心へ攻撃が集中する。去年の五月、三反八畝もとられる惣平さんが、親戚の好意であとの用意にとわずかの田を買ったのを、一部の人々が委員会満座の中でつつきだす。しかし考えてもみよ、たたかいがまだ始まったばかりのとき、誰ががんばれる自信があっただろう。同じ立場になったものなら、それは人の心のつねではなかったか。

そして、市之久田の動揺は、さらに深かっ

た。まとまりの良いわりに、中心になる人のあまりないこの部落では、とくに南のほうの、田の多くかかる人たちがぐらついていく。

百姓は、さきの不安があったら、できない。がんばってみたところが、二年三年さきの見とおしのもてないところ、地肥えを惜しむのはありがちなこと。それに、市之久田の南のほうの田は、かつての基地拡張で、再三土地をうばわれた青山の人が買った田が多い。その中にはもう今年の米から耕作をやめてしまった田も少なくない。草ばやしになってしまった青山の持田にかこまれた田は、水のかかりも悪くなり、草に追われてたまったものでなかった。市之久田の副委員長は、前は反対の急先鋒だった。いまやこの人の立場は、大きく変わってきたようだ。八反の田を六反もとられるというが息子は農学校を卒業した。かつての小作争議の先頭で、宅地も自分のものでなく、寝床の下まで年貢をおさめなければならなかった身も、いまはブタやニワトリも飼い、オートバイも持った。計算してもみよ、一反五十万もらえるとして、利まわり八分としてみても年に四万円だ。汗水たらして米をつくったところが、まず三万五、六千円、金に換えておいたほうがとくなわけ。それに六反は、三百万円だ。息子の知識を生かして、温室でもやってみたら……。金というものがわが手にわたって、ちゃんとそのままあるものならば、あるいはそのとおりであるかもしれなかった。人の心は不安から迷いへ、そして投機の夢を追う。

ハチの巣
―行動隊結集、春吉立つ―

それでも、小針・市之久田は、『条件』派にはならない。滑走路正面の部落は、ここでひくことはできなかった。

政府や県のこれまでの不誠意、ここまでがんばってきた尊い体験……がんばってがんばれぬときだろうか。「山」だ、「潮どき」だといつも言う、去年からいままで、いくつの「山」を越えてきたことか。「バスに乗り遅れる」と言う、どうしてそんなにあわてることがあるのか。

こうした日々、惣平さんたち行動隊の中心

の人々に日夜よりそい、部落ひとりひとりの人びととわけへだてなく話しあいはげましていたのが日本共産党員であつた。

日本共産党は、去年の夏までの名古屋市内での世論もり上げや現地へのはたらきかけの活発な活動があったが、「六全協」以後の党団結の回復への苦闘のあまり、事実上弱まっていた。現地への動員も続かなくなり、工作者も帰り、現地の宿舎も失い、最後は一人となった。しかし一人となっても基地拡張反対のたたかいを止めることはなかった。上小針・市之久田の農民たちとのしこりは改善にむかったとはいえ、村の内情もなかなかつかめず、影響力はなおうすかった。一月中旬の村長辞職をめぐる部落の動揺にも、団結一般を呼びかけるにとどまり、状況打開の方向を示すにはいたらなかった。

しかし、日本共産党員は、連日のように村に密着しつづけた。名古屋から片道十二キロ、自転車で朝五時から夜十時、ときには一時まで、農民ひとりひとりとと話しあい、耳をかたむけ、励ます。話しあいの内容を深夜ビラにし、早朝全戸にくばり、ときには、そこで聞いた部落のひとつひとつの動きをすぐ名古屋にもちかえってまたビラにし、炎天下ふたたび小針・市之久田にとって返して配布し話しあう。その繰り返しのなかで、たがいに溶け合うものが生まれつつあった。

社会党県本部もまた五五年六月から春日井の寺の一室を事務所として、オルグを常駐させていた。愛労評も一定時期までオルグを派遣していた。後に小牧市議を長期にわたって務めた河上篤氏は、一人で毎日、自転車で小針・市之久田地区に通い続けた。

惣平さんたちの気もちは、多かれ少なかれ大部分の人たちの気もちだった。そして、部落が二つになるなどということは、いずれにせよ重大問題である。かたい気もちのあるところ、部落をあえて割ることはできない。かたい気もちをもつ人々が、いっしょになってよく話しあえば、部落をまとめていくことはできるのだ。

口べたで、ひかえ目な惣平さんが、かざら

ぬながらにおどろくほど雄弁になった。たたかいへの責任感が、一年の間にふかく根をおろしつつあった。正論を押し潰せるものは、だれもない。しかし、惣平さんは、表だっては一人だけであった。他の人びとは、気もちはあっても何も言わない、言えない。一人の力は、疲れ切っていかねばならなかった。そして対策委員会は、『総寄り』を開かない。

行動隊長として立て直さなければならなかった。老人のあいだにも「ジジババも女も全部よせての総寄りを開かなければ」との声もあつた。しかし、なかなか強い人さえもまとまらぬ。

「先生」はどう言う考えなのだろうか。かつての指導者・大野春吉氏は、二月の混乱以来、家に引っ込んでしまってよりあいにも姿もみせぬ、どういうつもりでいるだろうか。あれだけ強かった「先生」、あの弁舌と見識で先にたってくれたら……。期待は春吉氏にむいていく。

道ばたで、ちょうど仕事中の「先生」に共産党員が声をかけた。「共産党とはいっさい関係をもたぬ」といいつづけていた「先生」、かつてことばをかけたことさえ「純粋な運動が誤解される」と一言で拒否した大野春吉氏が、はじめて炎天下の白昼、公然と日本共産党員と公然と話しあったのは、このときだった。

春吉氏はついに行動隊入りを表明する。もう「先生の反対は意地の反対だ」「口でメシをくって(春吉氏は米作りの先生)おる者の言うことを聞くとえらいめにあう」と飛ぶうわさ。

八月二十八日、行動隊役員はよりあった。勇気を得た行動隊の有志の人々は、三十日夜の総よりにつぎつぎ発言する。「最悪の事態にそなえて」小作契約を書き換え、土地のかからぬ者もおもてむき耕作権があることにして協力謝礼金だけもらえるようにしようとの案は、ほうむり去られてしまう。つづいて三十一日夜、北里軟化と早のみこみして条件闘争をすすめにきた高木・永田(小牧市選出)両県議は、「去年来た福島長官は、新潟は雪があるので小牧だけさきにやるといったが、まだ手がつかぬ。この夏にもまだ雪がふっているのか」「地元のためと言うが、なぜ去年県会は反対決議を否決したか」

「なぜ反対しているのに一ぺんもたすけにもこなかったのか」と突っ込まれる。

「そうだ、それどうした」と、同感にわきたつ人々に、二人はほうほうのていで引き上げた。

上小針の空気は、大きく変わろうとしたのである。

　この形勢に、九月二日夜の委員会で、初男・良一・正敏さん三人が辞表を出した。村議がこれに同調する。「それではやっていけぬ」と、小委員・対策委員のほとんどが、辞職してしまった。上小針は大さわぎになる。

　三人が辞職の言い分は、三つあった。

　一つ目は高木県議のくる前夜、三十日の総寄りに、惣平さんが、「対策委員も小委員も、村へも県へも一言もよういわんようなことでは、あってもなくても同じだ。明日は一人一言、かならずしゃべれ」といったこと。

　二つ目は、一日に老人組・婦人会が春吉氏をかこんで座談会をひらいたが、そのとき、ふれてまわった老人・婦人の有志の人たちが、初男さんはじめ一部の人たちの家を除外したが、これは行動隊長の責任であること。

　三つ目は総寄りの席で部落の指導者の一人が、「初男・良一・正敏"三人組"が、徒党をくんで部落をカク乱している」と放言したと言うこと。

　あわてた区長らは、「三人」にあたまを下げて頼みに行ったが相手にされず、「行動隊を解散して、対策委員会一本にしてほしい」というが、惣平さんたちは、「行動隊は自主的にできたものだ。部落とはちがう」とはねつける。区長・副区長・総代までがついに辞表をだし、収拾つかない混乱となった。

　だが、がんばろうと言う気もちは、八月末からまさにたかまりはじめたところ。三人のしたことは、不安の中にも、かえって自分かららみんなに嫌われるようなものだったし、言い出した以上は、へたに引っ込みもつかない。とはいっても、部落で一たん決めた役員を、そう簡単に替えるわけにはいかない。村議あたりは、自分から放り出しておいて、「このさい、洗え洗え(全部改選せよ)」と言っているが、それはことをあいまいにしてしまう。何べんもあたまをさげて誠意をもって事情を明らかにし、筋道をとおして頼もう。解決をいそがず、くさいものにふたをせず、郷の総意に聞いていけば、みんなかならず判断するだろう。意地はとおるものではない。

日本共産党は、連日、早朝に、また夕方に、ビラで道理ある解決をうったえ、語りかける。「共産党の言うとおりだ」と、道ばたで公然と声をあげて読む人が目だってきた。惣平さんは、がまんにがまんして説明する。「対策委員など……と言ったのは、一杯のんだ勢いでの放言だ」、「老人・婦人のときは自分は留守であとでふれ直させたし、真剣なあまりのこと」、そして「三人組云々」といったのは、けっして三人の言う総代の一人のことばではなく、もと八人組の一人、それも公然としてではなく、ないしょ話で失言しただけとわかつた。三人の言い分はなくなつたが、面子はなかなか捨てきれない。

老人組がよったがおさまらぬ。九月十一日・十二日つづいて総寄りが開かれる。行動隊を中心とする有志の人々は、よりあつては相談する。「行動隊解消」の条件には、一歩もゆずらない。若手の丹羽寿君が、正面きって村議と衝突した。この大男は、そのむかし小牧の漢学者津田大輔の弟子、戦後若気の勢で「ゴクドウ」もしただけに見識もひろく、実行力も大きいが、ときどき短気をおこす上にお父さんが健在なので、みんなあまり耳をかたむけなかつた。しかし、じっと情勢をみていた彼が、ついに腰をあげるや、たちまちはげしく攻撃にでたのである。

「村会議員は、村会で『小針は条件だ』とばっか言っているというでないか」の質問に大野村議はまっ青になる。二人は立ちあがって、つかみあい一歩寸前の混乱のうちに総寄りはあくる日へもちこす。

こえて十二日夜、惣平さんは、これまでと同じ質問をむしかえす大野村議に、またもくわしく説明したあげく、「なぜそんなに同じことをきく。そうも行動隊がにくいか」と突っ込む。満座、ハチの巣をつついたように沸き立ち、あっちでもこっちでも、夜あけまでもめつづける中で、大野村議は、「水に流してくれ、わしの失言だ」と手をつく。

十三日、三人はついに対策委員会で混乱の責任を詫び、夜の総よりで、「五基地のうち四基地すむまでは……」の確認の上に、全員もとのサヤにもどったのである。

大臣が裏口から
—防衛庁長官に抗議—

上小針がおさまったことは、市之久田へすぐひびいた。

九月十九日には調達庁担当大臣の船田防衛庁長官が愛知県庁へやって来る。これに対して揃って抗議しようと、市之久田から小針へ申しこむ。ちょうどその前日、青山の一筆測量にきた調達局がわの役人が、市之久田の人の所有地(青山から出作)に入ったのを、両部落総出でつかまえ追い返して、意気まさにあがる。こうして十九日午後一時、主婦三十人をふくむ百数十人の農民は、県庁まえに集合し、ムシロ旗十数本・ノボリをおしたて、日の丸ハチマキで玄関を奥へ入ろうとする。守衛・私服警官が、とびらを閉め切り、立ちふさがったのに怒った人々は、どっとぶつかり、もみあった。「何で

県庁へ総出で抗議行動

船田防衛庁長官に抗議　1955. 9

戸をしめた」「何で会わせぬ」と、寿君・行動隊副隊長吉田茂夫さん、そして市之久田の青年らが先頭ではげしく叫ぶ。市之久田の青年吉田弘君が興奮のあまり検束されそうになる、奪い返す、ついに代表十名だけというのを二十名にさせる、応援にかけつけた自由労組の加藤敏夫委員長が守衛を説得する、拍手がわく………もみあいの最中に現れた船田長官は、玄関から入れず、裏へまわり、代表に会いもせずに早々にハイヤーで消え去ってしまった。現職の大臣が裏口から出入りしたのは、愛知県庁はじまって以来だった。村長は、これを聞いて村対策委員長を辞職する。

両部落それぞれ独自に対策委員長を置くことになり、市之久田は吉田均氏と決まるが、上小針は簡単にはいかぬ。「このさい、先生を委員長に…」そういう空気は少なくなかった。しかし春吉氏はことわりとおす。有志の中でも意見が分かれる。感情問題さえも、ないではなかつた。

「部落一本ではどうせ行けん。いずれは分かれんならん。いま先生を出せば、まつりあげられるだけで動けなくなる。行動隊は相談相手がなくなる。小針はむかしから、『人をあげておいてストンと落とす』ところだ。分かれてから先にたつてもらおう。むしろ割ることを考えねばならぬ」……こういう考えもあった。それはこれまでの苦しい体験から生まれたもっともなものをふくんでいた。だが、それにもかかわらず、この考えはあぶないものがなかっただろうか。

部落に出ているよわ気や場合によっては慾にからんだいろいろな動きは、孤立を感ずる中で、一人一人についてみれば、みんなそれ相当のわけのあることだつた。爆音ひとつを例にしてみても、それは真下と半町へだたつたところとでは、大変な違いだつた。正敏さんたちが反対に見きりをつけて、迷いを心に深くしていったのにしても、いわれのないことではなかったのだ。それだけに、考えのちがいも、そしてまたそのための陰の動きも、もちろん続くだろう。しかし、だからこそ、いまかたまり始めた人々の心を、大きくまとめることが必要ではなかっただろうか。十月には、さらに新しい手を、調達局・県・早稲田代議士とも考えていると思われるときだ。まとめることは、事なかれや、まあまあではもちろんできない。すきなもの同士でももちろんできない。このまま押されてしまうことに大きな不安を持ちながら、がんばる頼りを求めている人々をまとめることはできなかっただろうか。

三人組辞職のごたごたの中で、「伝染病患者と心中真平御免……重症者(条件派をさす)は隔離しよう」という社会党のビラは部落をわるつもりだと受けとられかねないものであった。それは、ヨウカンがとんだり、酒がながれたりするありさまにいきどおるあまりの真剣さからだが、やはり深追いだったのではなかろうか。

いずれにしても、有志の人たちのあいだでは、おたがいの気もちも十分うち明けられないままに、委員長は石黒鈴吉氏に落ち着いた。

青年は……ほとんどが家で百姓をせず、外へかせぎにでてしまうこの部落では、青年の発言力はほとんどといってよいほどなかった。それが八月末以来、青年会(二十三才まで)として青年行動隊をつくってポスターはりをやろうとの話もでてきてのだが……区長からみとめぬと抑えられてそれきりになってしまう。

三市一村は、八月末、桑原知事・早稲田・丹羽代議士に「できれば五十万」との希望で白紙委任する。青山のつよかった人たちも、「もうここまできたら補償は上がらぬ。北里もいっしょになって五十万とれるようにしてほしい」『引き延ばしておるだけでは、このさきのくらしの見とおしもたたぬ」と変わってくる。県対策協議会は、十月二日、四十五万五千円の条件で補償をのんだ。上小針ではまたしても宅地問題がもちあがる。

ふるさとの歌

―砂川・団結と流血―

赤旗、赤旗、赤旗が、砂川のみどりのイモ畑に、オカボの畑にひるがえった。連日数千名の支援労働者・全学連・各基地代表・平和団体・共産党・社会党の人びとが、砂川をうずめつくした。上小針・市之久田からも、前後八人の代表が参加する。

「決死」のハチマキの地元農民と四方面隊にわかれた支援団体が、知るも知らぬも兄弟以上の信頼と規律でむすばれた。都心から一時間半もかかるこの村へ、朝六時からぞくぞくやってくる労働者。夜もねむらずにたきだしにつとめる婦人たち。地元に一切の負担はかけぬと、砂川中学の体育館にあき俵をかぶってとまりこんだ学生たち。そしていかなる暴力にも明るさと希望を失わぬ地元の人たち。日本は、ついにこの村を生みだした。

『条件派』といわれた一人の報告は、人々を感動させたのである。

「帰ってくる日の朝のこと、とめてもらっていた家のまだ五つか六つの小さな子が、今日も守ってくれるものと思って、『おじちゃん、ありがとう、おねがいします』と言ったときは、『ああ、できることなら、いま一日』と思ったが、それもならずにたってきたが、いま思いだしても胸がはりさけるようで、思ってもなみだがでる」

秋雨ふりしきる中、血潮に次ぐ血潮にあれ狂う警視庁予備隊二千のコン棒も、日本民族の魂をうちくだくことはできなかった。一人一人にとって、砂川こそはわが村わが畑であった。ひきずりだされ、傷ついてはふたたびスクラムを守った。

「うさぎおいし　かの山　小ぶなつりし
かの川　ゆめはいまもめぐりて　わすれがたきふるさと」

いのちにいのちがかよう団結が暴力に勝った。測量は、中止された。祖国の土は、守りとおされた。日をおってふえる動員、その一人一人がすすんでコン棒と鉄カブトの前に身をさらした。何の思想、何の立場のちがいがそこにあろう、民族の魂が一つになって、不可能を可能にしうる道をふみわけたのである。市之久田のある農民は、しんから怒りのこみあげた顔でつぶやいた。

「そんな奴、たたき殺してしまえ」

しかし、小針・市之久田には、あたらしい動揺が生みだされる。

「砂川は、あれほどの助けがあって、はじめてあれだけやれた。小牧では……県知事はむこうがわ、地元はバラバラ、世論も見向きもしてくれんのに、もうとてもやれない」『あんなおそがいことは、やりともない」

そうだった。外部の支援は、今やまったくといってよいくらい途絶えていた。だが砂川の血の訴えは、いま全国の人びとの心を、新しくかきたてつつあるのではなかったか。

滑走路…

―直下の苦しみ逆用―

十月三十一日の午前三時半であった。

「腰ぬけ役員、バカヤロー」そう書いた野田京一さんの一票をくわえて、賛成四六―反対五・白票一、市之久田の総寄りは、ついに早稲田代議士を中にいれて条件の話を進めることを表決の結果きめた。

「イネかり後には、いよいよ工事がはじまる。強制収用もだされる。もうこれで条件に入らぬなら、手をひかねばならぬ」

「十月末日までに調印せねば、イネの立毛補償はもらえない。賃貸料も、もらえなくなる」

村長からも、そう言ってきた。

委員長吉田均氏は苦慮する。だが、「均さんや敏治さん、春吉さんなどはあんたたちとは違う。あの人たちは百姓で食っていく人ではない。あんなどうでもよい人についていったらひどいめにあう」

と早稲田代議士が言ったとか。名古屋で仕事を持っている均氏らは、だんだん部落から浮き上がらされつつあるのを感じていた。

「社会党の成瀬氏かだれか、国会議員に来てもらってはやくテコ入れせんと……」安夫さんはそうあせっていた。が、ついに手遅れとなったのである。何ごとにつけ、まとまりのはやい部落だけに、かえって話も進んでしまった。そしていつもは上小針の動きをみていたのが、こんどは「市之久田が話をきめれば、小針もついてくる」と言う考えだった。

上小針もゆれる。もうイネかりが近い。乾田にはムギまきがはじまっているというのに、日々はよりあいに明け暮れる。

「市之久田が手をうったら、滑走路は市之久田までできてしまう。小針は危険区域になるだけだから、ほかっといてもよいのだ。もしそのまま相手にされぬと、南の方の家はもう住むに住めなくなる」

十一月三日、一応、両部落同一歩調ということで、市之久田単独で走っていくのを止めたすえ、早稲田代議士を小針へよんで話を聞くことに落ち着く。四日、早稲田氏がやってくる。「早稲田さんは地元の出身でありながら(ちかくの舟津の出)、反対なら手をひくと言ったとは無責任だ。ほんとにそうか」とつっこむ惣平さんたちに、めんくらった早稲田氏は、「そういうことは言わぬ。部落一本でいてくれさえすれば手はひかぬ」と答える。代議士だと思えばえらいが、むかしは地元でゲタの歯いれをやっておった人だと思えば、やっぱりただの人だった。

それにしても、部落の中のけわしい空気がさらにけわしさをくわえる。「寄合い」は続く。有志の人々を中心とする反対のうごきに、条件を主張する人々も自分たちだけ行くわけにはいかない。「宅地問題」がまたしてももちあがる。人々の目のいろはかわった。

拡張は、もはやとめられないだろう。家屋移転は赤線区域内はもちろん、赤線区域外でも、せずにはおれない。だが慾のシャバ、最後はみんな自分のふところを考えて、一人一人になってしまう。条件・反対わかれわかれになるかもしれぬ。そうなれば、北に畑のないものは行くところもなくなる。いまのうちにお互いのわりふりをきめておこうと考える人たち。

そして……移転料だの周辺補償だのと言ってみたところが、そんなことは規定にない、とくべつにだしてもらうには、部落全部そろってこすことにせねば……そしてそこで何とか少しでも金がうかせたら。

畑を多くもつ人たちは、いいかげんなところでたたかいをやめて、しかも自分たちが利用されるのはいやだと言う。

絶対反対の人々はがんばった。滑走路が大山川をこえたなら、二次三次の拡張はかならずある。それをいま部落をほかへ移すのは、恩にきせておいてつぎの拡張のじゃまものをとりのぞく魂胆だ。これ以上拡張されたら、小針の田畑も部落もなくなってしまう。家ばかり残っても何となろう。ゼニカネが問題ではないのだ。

それにしても、部落の仲同士で、たがいにかたきとなって、「からかう(あらそう)」ほどなさけない、辛いことはなかった。

「市之久田まで滑走路ができたら、住むに住めぬ」……赤線区域内の人たちは死にものぐるいだった。

そして、村長から、

「十三日までに返事をせよ。そうせぬと、水稲の立毛補償はもうこない。あとはムギの補償になって、ごくわずかになってしまう」。

その催促も、そのつど日限をきって、もう何度かあった。

白髪

—行動隊長、苦悩—

惣平さんは、そでに手をつっこんだまま、ぼんやりとした姿だった。ふらつくような足どりでわが家の前をとおりすぎ、田んぼ道へ出たところでハッとして引き返した。心はどこをさまよっていたのだろうか。まだ四十五才というのに白髪はめっきりふえた。九月の混乱のあと、夏のあいだの無理から病にたおれて以来、体はもとへ戻らなかった。胃をひどくいためているとのことだった。そこへ、もうイネ刈りが始まっている。しかも手間もないのに寄合いの日夜。そして、そこでのはげしい対立。

十一月十三日夜、総寄りは、大混乱のうちに小委員・対策委員ふたたび総辞職となる。早稲田氏・調達局・村長の条件交渉について の話が、三者ともくい違っているところから、早稲田氏にもう一度聞きに行こうとの提案がだされる。「そんなところへ行く必要もないし、行ってきても報告を聞く必要もない」との寿君の一言が理由にされたのである。翌十四日早朝、部落じゅうリンをふってたたきおこされ、ふたたび総寄り。

「ちょっと一口言っても怒って『やめる』ではものが言えん。反対あってこそ話し合える」と有志の人々は、フンともツンともいわず、

「無言の行」をする。みんな意見を言う者もいない。外はあたたかな秋日和、手間のない人たちが気をもむなかで、いちおう聞きに行くことに落ち着いたが、その夜のうちに代表が上京したものの結果は、変わった点は何もない。

十七日の夜、総寄りは、条件・反対両派の正面衝突となる。小委員・対策委員の改選を、「これまでやったものをのぞく(反対の人たちだけにやらせようとの考え)」との提案をめぐって、「部落はどうなる」と有志はいきりたつ。「さしあたり連絡係をおいて話し合ったらどうか」との寿君のおだやかな案も、感情的になった人たちは耳もかさぬ。ついに、「これからは個人個人の責任、区長・総代は飛行場問題から手を引く」となる。上小針は、分裂したのである。

収拾つかないまま、イネかりに追われる人々。このまま割れてしまう不安の中に、忙しいさかりも、かげのうごきは、やまなかった。決心をかためる人々の団結こそが崩れたっていくのをふせぐ力だった。

十四日・二十日と、調達局が村役場へきて、それぞれ市之久田・上小針の人たちと話をする。「みんなくいちがっとる」……弱気の人たちの多くがそう感じた。村長は言う、

「ハンをつかねば条件交渉はできぬ。まずハンをつけ。そうせぬとイネの立毛補償ももらえない」

調達局は言う、

「ハンをおさねば条件交渉はできぬ。イネの補償はおさなくてももらえる」

早稲田氏は言う、

「ハンをおさなくても条件交渉もできるし、イネの補償もある」

信用できなかった。村長はとにかく調印させようとあせっている。政治家は、人気さえとれればいいというのか。そして調達局は言う、

「赤線区域外の家屋移転は法律にはないが、“特殊事情”として閣議決定になった。坪一万七千円の移転料を出してやる。移転であいた土地も六六万で買いあげてやるが、赤線区域内ではないから協力謝礼金はだせぬ」

……いまの宅地まで買うとは、そこまでよけ

いに拡張するということではないか。政府は、本性をあらわにしたのだ。

市之久田は、すでに部落あげて東の田を埋めたてて移転する計画に熱中していた。反対を続けたい人たちはなお少なくなかったが、市之久田に住む以上は、大勢にさからえないと言う。そして、ある役員は、よりあいの席上で気にいらぬ相手に火バチをぶつけたり、呼び出してなぐることまでやっていた。「二次三次の拡張では、滑走路は小針へむかうだけ。市之久田はもうかからぬ。そんなら今のうちに、金をもらって少しでもやかましくない方へ越すだけとくだ」と言うのだった。だが、普請ともなれば一年間は親戚中まで大仕事である。家の古い人、そろそろ普請して息子にヨメをと思っていた人、本家普請をすましたばかりの人、一人一人がいがみあい始める。

一方、小針は、条件をいそぐ人たちも、まだあてもできていない。移転を言い出しはしたものの部落北の畑は、反対の人たちや条件派へいくのをよく思わぬ人たちに多かった。部落はすでに分裂していたのである。調達局の話は信用ならないし、早まったのに気づかずにはおれない。だがもう意地であった。いろいろな下心の人たちも、あるいはなかったわけでもないだろう。四郎・大野村議を中心に、「条件派」の人たちは毎晩よりあう。家から家へ工作がすすむ。すでに三十人をこす人々が連判状に名をつらねたと噂される。

惣平さんは、攻撃を一身にうける。工場へでている息子がクビになるぞとまで言われる。ありえないことであっても、親の心は子ゆえに迷う。しかもイネ刈りは、人よりもはるかに遅れる。『名古屋の人』とか言う、見ず知らずの老人の労働者(矢田の宇佐美與作さん)が、息子を連れて手弁当で手つだいにおとづれたのは、この中でのことだった。有志(反対派)の人たちは、春吉氏・惣平さんを中心に、「赤線区域内」の人たちと話し合う。

「赤線区域内」の人たちは、拡張されたら移転する宅地を持っていない。しかもその心配にもかかわらず、ただ条件闘争きりかえをいそいで話もつかぬまま分裂させてしまい、「赤線区域内」をダシにして「周辺補償(赤線区域内外の移転)」ばかり考えている「条件派」に大きな不満をもっている。ことにその中心の一人吉田義光氏にしてみれば、かっては部落の先頭に立ち、判断力のきく点では部落内でも肩をならべるものは少なかった。有志の人たちは、「宅地を提供するものもされるものも、ともに得心のいくまでがんばるなら、宅地のめんどうをみよう」と話し合っていく。

そして、絶対反対にはついていけぬ人、条件派に不安な人、今はかからないが拡張されれば道や川の移転でかかる人、こうした人々が「中立」になる。四派にわかれた中に、十一月末、イネの立毛補償の期限はせまった。

不信

—部落屈服・動揺から団結へ—

「それでは、みなさん、どうもありがとうございました」そういいすてて、桑原知事は、意気揚々とハイヤーでひきあげた。十一月三十日夜である。市之久田はついに屈した。名古屋から帰ってこない吉田均氏と、カゼをひいたと家へひきこもってしまった吉田敏治氏をのぞき、五十六人が土地提供同意書に調印する。さすが賃貸契約書には、ハンをつかなかった。部落移転についての埋立・区画整理・道路など十五項目の条件要求は、「考慮します」の一言だけでかたづけられてしまった。だがこの夜の調印ということは、各戸主以外は、主婦も息子も知らなかったのだ。

上小針では、この夜、反対派・条件派・赤線区域内それぞれ三カ所でよりあう。日本共産党の工作者がはじめて春吉氏の屋敷表座敷に請じ上げられ、反対派農民が話しあった。おりもおり、半鐘が鳴り、各派道へとびだしてみると、尾張神社の屋根の銅板がドロボーに盗まれた、部落のざまに神様が怒ったのだという思わぬ椿事もあったが……。

市之久田をおわった調達局・村長が、小針へ乗り込む。赤線区域内と反対派が夜中三時によりあう。夜あけ、村長・村会議長らが、「立毛補償の期限がきているので、たとえ四、五人でも承諾の人にはハンをついてもらうから、承諾してくれ」と反対派へ言質をとりに来たが、「個人のことをみとめぬという権利もないし、みとめることもできぬ」とはねつけられて引き上げる。

深夜、雨戸をたたいた日本共産党員を家に上げて、船橋安夫氏は、自分のみじめさを泣いて語った。日本共産党員がこの部落で泊めてもらったのは、これがはじめてであった。

明けて十二月一日、区長が総寄りを召集する。「部落一本化」がまた持ち出される。だがそれは、一本化の名のもとに一方へ引きずっていくことでしかない。反対・赤線区域内・中立派がひきあげたあと、三十八人が、同意調印した。条件は、何もない。「市之久田なみに」と言うことばだけ。移転先……あれだけ騒いだ移転先さえも、「お宮の東でも埋立てることにする」という、あやふやなものでしかなかった。

しかし……赤線区域内は、この中で、「十日間の猶予期間をおいてほしい」と村長に申しでる。けっきょく同意の意思表示だけすることになり、署名だけさせられる。中立の人々も同調する。

この大事なときに先生は、春吉氏は、岩倉の農事研究会の総会を主催していた。電話をかけても帰ってこない。反対派の人たちは大きく動揺する。次々と署名する人があらわれる。惣平さんは、春吉氏とただ二人残った。「もうだめだ。そして先生がこのときにこれでは……」奥さんにことわって、とうとう署名してしまう。不信が、ひとたび屈したさびしさ、心配の中でつぎつぎわきおこる。これまでの苦しいたたかい、そして孤立感、しかも先生は先に立ってはくれないのか。……

だが、一ばんおそろしいのは、部落が割れたことだろうか、名前を書かされたことだろうか。そうではない、人の心は波うつもの、おそろしいのは、この段になって、なお身うち同士で信頼できない、それすらも口に出して話し合えない、このことではなかったか。このことあるかぎり、いくら立派な言葉をならべても、何人いても勝てない。だが、ここまでたたかったものが、これでのぞみを捨ててよかろうか。たたかいは、自分たちでやるのだ。ここでほんとうに一ぱいのところをみんなさらけだして、何の隠し事もなく一つ心になりさえすれば、たとえ少ない人々でも、いくらでもがんばりとおせるのだ。まだ取り戻せる。ハンをついたのでもよい。力のかぎりをやってみようではないか。ない知恵をしぼり、たらぬ力をあわせて、いっしょにやったなら、どんな強い言葉よりも、一人のうまい考えよりもまさるものが生みだせる。それがほんとうの同志なのだ。

夜、日本共産党員がさそって、寿君ら数人が春吉氏宅にあつまる。惣平さんもおくれてやってきた。社会党オルグも駆けつけた。夜々、得心いくまでと話しあいがかさねられた。決心……このことばは、いかになみなみならぬものだつたか。

この手をみてくろ
―反対同盟結集―

一年、小牧基地への外部の支援が続かなかった中で、北里村の人たちはここまで追い詰められてしまっていた。……このたたかいを全国民のたたかいとして大きくひろめ、全力をあげて守るのが民主勢力の課題ではなかったか。

地元にたいしては、日本共産党・社会党とも各一人の工作者をおき、日本共産党は名古屋から、社会党は春日井の寺に借りた宿舎から、毎日自転車で通いつめ、ときに行き違いはあっても、ともに苦心をかさねていた。日本共産党の昨年の大きなとりくみとともに、社会党は加藤勘十ら代議士が九回地元に招かれていた。しかし、名古屋はじめ外部での民主勢力の行動は、力がつづいていないままだった。

しかし、このことは、いま民主勢力のなかで、真剣に振り返られつつあつた。

十一月中旬、学生新聞の人々が地元をたずねたのをはじめ、二十九日には名大畑田重夫助教授が上小針で懇談する。十二月二日には日本共産党員が出席しての訴えにこたえて愛知平和委員会総会が小牧支援を決議する。社会党県連が対策をすすめ、五日、日本共産党愛知県委員会が県下にビラでうったえる。同じく五日、愛知県学連が国鉄運賃値上反対決起大会で小牧支援をきめる。愛労評もとりあげる。

連日、学生がカンパをもって上小針へやってきた。そして十日、社会党・愛労評が妙遠寺でひらいた懇談会に、県学連代表があいさつする。真心から、自分たちの気もちをうったえ、自分たちの行動の計画・決意を言い切ったとき、上小針の人たちは夢中で手をたたいていた。「おねがいします」とさけぶ主婦たち。なみだを浮かべている人々もあった。行動こそが、人々を支え、たたかいへと奮いたたせたのである。

十二日夜、一日の同意書未調印の人々は、役場で涙をのんでハンをつく。「いまの宅地でなしに、あたらしく移転するさきの宅地を国で買ってくれ」「道路・河川の移動でかかる土地へも協力謝礼金・賃貸料をくれ」といった要求もすべて相手にされなかった。春日井の例をみても、イネかり最中に立ちのきさせられ、いくさきの心配はいまはだれもしてくれず、トラックも入らぬところを買ってリヤカーで土を運んでいるありさま。このさきいったいどうなることか、しかも、「これ以上拡張せぬ」と口では言うが、一札はぜったい入れてくれない相手だった。明ければ家々は、妻が、息子が、老人が悔しさにもめつづける。反対派以外に二人がハンをつかずにのこる。

反対派は、この日十二日昼、大野春吉氏の門前に「小牧基地拡張反対同盟」の表札をかかげ、ムシロ旗をあげる。「あくまで所期の目的のためたたかう」ことを声明し、十三日夜、十一人が誓約書に署名した。外部団体との共闘がここにはっきりと決められる。しかし、日本共産党と平和委員会が、この共闘から除か

大野春吉氏宅(今も残っている)

れた。たたかいはじまって一年八カ月、村をはなれず、なやみも苦しみも共にした日本共産党がのぞかれたのは、社会党県本部の大野春吉氏への要求によるものであった。

　十五日、反対同盟は、ムシロ旗をおしたて、家族そろって、名古屋栄のテレビ塔前での県学連の小牧原水爆基地反対学生大会に出る。大野春吉氏のあいさつにつづいて、寿君が、「この手をみて下さい、おれの、この手から農地をとりあげて、いったい何をやれと言うのだ」と一言一言おちついた声で訴える。反対同盟の農民はデモの先頭に、鶴

テレビ塔前広場での集会

舞公園まで、日本共産党愛知県委員会事務所の前では熱い激励をうけながら行進したのである。警察は、しきりに動いた。「共産党から金もらっている」「アカの指令で動いている」とのうわさが流される。反対同盟のある青年は、運転手と言う職業につけこんで事故のとき不利だとおどされ、小針駐在所の鈴木義光巡査から一級酒一本、持たされる。あくる朝、お母さんが返してくる。寿君も西枇杷島署の課長が誘いだして飲ませようとしてはねつけられる。社会党は県警察本部へ抗議する。

集会後、市内をデモ行進

（注、社会党県本部は共産党排除に動いたが、

地域では様々な形でつながりは維持されていた。)

下駄ばきのまま

―挫折―

未調印者がハンをついて、「条件」の人々は一本になったが、中はまとまらなかった。市之久田は、十五日、高木・永田両県議をよび、慰労と称してお日まち(村民の宴会)をやり、その勢いで賃貸契約書に調印する。内灘の出島さんのはじめのことばの正しさ、この部落はついに一度も婦人のよりあいをしなかったのだ。

上小針は、移転の問題なお決まらない。お宮の東の埋立てに、国や県から金がくるなど、ある話ではなかった。村では入鹿新田の村会議長吉田長次氏(土建業)の口ぞえもあって、入鹿の南の畑五町歩提供しようと言ってくる。だが入鹿まで引っ越して、小針の東まで百姓に通えるか。二次三次の拡張されて、家だけ残って何となろう。百姓に見切りをつけて、残った田も売ってもうけるつもりの人、商売や事業の金をあてにする人ならともかく……。

赤線区域内の人々は悩み続ける。しかし年末までにハンをうたねば、立毛補償も賃貸料ももらえぬと、またしてもおどかし。そして赤線区域外の人たちは……なんでもハンをつけ、つけと追い立てた人たちにはついていけない。しかし赤線区域内は赤線区域内で、自分たちのことばかり考えているではないか。

二十五日、賃貸契約書の調印、一日に同意した人々はすべてハンをつき、同一歩調でいくと約束した赤線区域内のあいだも足なみがみだれる。はらの探りあいだった。そして赤線区域内の中心の一人としてうごいた若い農民石黒新一君は、調達庁・愛日地方事務所・高木県議・村長らにとりかこまれながら、「おまえさんらは爆弾(買収費)もらっとやせんか。こんなことを言うとおれが警察のごやっかいになるかしれんが、爆弾もらっとるなら、とられる百姓にその分だけでもくれ。きた金はキチンとくれるか。ポッポにしてしまいはせぬか」と言いにくいことをすべて聞きただし、もうこれまでとハンをついた。内輪がくずれたつ中で、残った人々も翌二十六日、反対同盟十一戸をのぞいて全員屈服させられた。それも賃貸契約書ではなかつた。一切、村長に一任するとの連判だったのだ。

こうして十二月二十七日、今井調達庁長官が春日井西部中学校にのりこんでくる。上小針・市之久田をのぞき、三市一村と北里村巳新田は、ここに売渡しの「調印式」をさせられた。反対同盟は名犬国道を南外山から市之久田・小針に入る入口にムシロ旗をかかげ、二十九日、県学連・愛労評・社会党の代表をむかえて必勝の祈願祭・反対同盟発会式をあげる。赤旗がはじめて上小針にひるがえつた。

そのおりもおり、惣平さんが姿を消してしまった。ひる前の十一時ごろ、農業会へ預金をひきだしにいくといってでたままであつた。三時、妙遠寺へそろっておまいりすると言うのに、まだ帰らない。尾張神社で式をあげるのに、まだこない。奥さんは、一人でおろおろする。

このひと月ちかくというもの、惣平さんの苦悩は、とくに深かった。たたかいのまっ先に立って苦労のかぎりを重ねてきて、精も根もつき果てようとしていた。それを、今ここで折れては、小針はどうなる、アメリカに国の土地は売れぬと、勇気をふるいおこしてきたのだが、それだけに攻撃は集中した。そして子どものクビとの脅かしは、理屈でははねのけれるものではなかつた。さらに、四反の一ばんよい田を一ぺんにとられては、あとどうやってくらしていくか。百姓以外に生きる道はない。だがもしこれを取られてしまえば……。

しかも、不安をみんなに打ち明けることができなかった。強い言葉だけではかんたんに腹も固めかねた。そこへ、近くの部落に田の売りものがあるがどうだと話がもちかけられた。惣平さんの心もついに動く。反対同盟のあいだで率直な意見がかわされた。おたがいいっしょにいく仲だ。最後までたたかって、もしものときには、二反や三反、おたがい何とかしようでないか」涙とともに話しあった。一人で心配するよりも、十一人の知恵だった。しかしそれでも……。朝くらいうちから夜中十二時すぎまでも、入りかわり立ちかわり人がやって来る。田へ出れば出たでかこまれる。しかもその苦しみを十分うちあけることができない。

それでも、やっと腹を決めたのが二十八日だった。目をつぶってガケをとびおりるような気もち、それは意気地がなかったからか、いな、たたかいは、真剣になればなるほど苦しみはふかい。その苦しみをお互いわかちあい、その努力を信じあい、尊敬しあっていくのがたたかいの姿だった。

それにしても、惣平さんは、どこへ行ってしまったのか、農協は役場のとなりだ。ひっぱりこまれたのか、役場にはいない。小牧の親戚か、小牧にもいない。どこへ行ってしまったのか。

あれだけの心配、あれだけの正直な人、もしや……あたまにきてしまったのではなかろうか。そして、万が一のことすらも、起きてはいないだろうか。この人に、この人のこれまでの苦労をそんなことにしてしまったら。

夜に入って、やっと行方は知れる。その日の朝、多気の遠縁の親戚から呼ばれたのだ。四人の親戚にかこまれて、すっかりのぼってしまった惣平さんは、昼になっても飯もくわず、真っ昼間から酒を所望して、深酔いするほどに酔って出ていった。そして名古屋の妹に身をよせたのだ。下駄ばきに黒いオーバーをひっかけたまま。

小針では、惣平さん行方不明のうわさに、親戚の人々が八方さがしまわる。それは……親切からばかりではなかったのだ。

妹のところでも、落ち着くことはできなかった。ここでも親戚じゅうにかこまれて……、ついに十二月三十一日、調達局へあらわれた惣平さんは、二時間半にわたつてつっこんだあげく、涙のうちにハンをついたのである。

伊吹おろし

―支援協発足―

「正月は、寝正月だわや。正月くらい、ゆっくり寝たい」寿君は、そう言って笑った。

愛労評・県学連・社会党などで小牧基地拡張反対支援協議会ができる。日農県連も加盟した。名古屋では、小牧基地反対文化人懇談会ができ、一月十二日には愛知平和委員会と共催で街頭カンパをおこなう。そして、二十六日には、上小針で支援団体の総決起大会だ。

上小針反対同盟十一戸(春吉氏養父をふくむ)、市之久田未調印二戸、その所有地はなお滑走路・誘導路内にガンとしてのこっている。これあるかぎり、拡張はできない。

打たれた杭

調達局は、条件派の一部の人々の連絡で、十二月二十二日朝、秋上げ(農繁期明けの休み)でみんな田にいないのにつけこんで、骨格測量にきたが、反対同盟の抗議に、クイ二本打っただけで引き上げた。うたれたクイは、その夜のうちに「くさつて」しまった。

一月十二日、調達局はついに飛行場南、春日井がわにブルドーザーを入れ、工事にかかつた。かれらは、強制的な措置で世論を刺戟するのをさけ、工事で既成事実を作るとともに、切り崩しを続けるつもりであろう。同意した人々の田の一筆測量をし、そのとき骨格測量も一挙にうまくやってしまおうとねらっているようだ。

上小針・市之久田では、反対同盟の人たちに、かげながら期待し、共感し、うらやましく思っている人たちも少なくないのだ。そしてまた、調印した人たちにしても、このさきの見とおしは、何もないのだ。上小針は、ハンをつくことだけ急いで、「新宅地を買ってくれ」以外何の条件もない。その見とおしとてもない。大野村議らは移転料がもし足らねば、営農資金をかりるなどと言う。その結果はどうなってゆくのか。行く先をめぐって部落はまたも新たに三つに割れようとしている。

市之久田も、結末は、どうなることかわからない。いいかげんなことで、売渡までしてよいだろうか。

金をもとめて、金をいそいで何ものかを考えている人は、それですむかもしれない。だが一年十カ月の苦しいたたかいをした人たちが、負けたとはいえ、自分自分の勝手のままに、総くずれになってよいだろうか。

基地拡張こそは、直接の苦しみばかりではない、人の心のあらゆる弱点をかきたて、日本人同士をいがみあわせ、そして村を離散させる。この拡張、このうらみを、このままにさせてよいものか。

基地拡張は、村の損ばかりでない、国の損だ。反対同盟の農民は言い切る。

「おれたちは年々とれる米だけは、何としてもほしい。だがもらうわけのない金などは、ほしくない」

毎夜のように話しあって、人々は決心をかためている。労組へ、名古屋へ出て訴えている。

たたかいはいまや第三年め、濃尾平野は伊吹おろしがふきまくる。雪をいただく伊吹・鈴鹿の山々が、はれた空にくっきりとうかびあがる。ジェット機のはらわたをよじるような響きの下、上小針はたたかい続ける。

人の力
―さらにたたかいへ―

沖縄のたたかいは、瀬長人民党市長の当選、久志村新規接収とのたたかい、その中で日本の主権の回復、原水爆基地化反対のさけびは、大きな国民運動となろうとしている。

砂川は……ゆるぎもせぬ。

そして今年、アメリカ五八年度予算の編成期をまえに、四、五月ごろには新潟が、あの全県の統一行動にささえられる新潟基地、そして木更津基地のたたかいが、もえあがるだろう。

世界では、エジプトでの戦争の火つけ人のたくらみは、うち破られた。あたらしく中東に危機をひきおこそうとの動き、だが「平和は戦争に勝つ」…それはいまや平和を愛する人々の信念であり、行動のともしびだ。

小牧のたたかいは、甘くはない。だが国民

の力をあわせればかならず防げる。広い、真剣な世論を。そして何ものにも屈せぬ団結を。一切の人々が、思想をこえ、立場をこえ、力をあわせればがんばりとおせる。お互いのあいだに、何のかくしだてもなければ、何のかざりも疑いもなければ、どんな人の考えも知恵もまじめにきき、助け合ったならば。それは、地元にも、まわりにもそうである。

県学連の抗議デモ

　基地闘争とは、強大な敵の圧力の下に、あらゆる矛盾をもった人々が一切一様にさらされる。そこには、たえず矛盾と相剋が生み出される。にもかかわらず、これを統一するものは、地元の苦しみをわが苦しみ、わがたたかいとして受けとめる国民の行動のみ。日本共産党と県学連の学生の人たちの行動こそは、これをハッキリ示したのだ。

拡張工事始まる

ブルドーザーに踏みにじられる農地

　基地闘争は、われわれ自身のものだ。長いたたかいをおたがいのたたかいとしてたたかいとおそう。政府に拡張を中止させる日まで。アメリカに計画取り消しを談判させる日まで。

基地のもと、日米安保条約と行政協定を捨てさせる日まで。そして軍備の縮小を実現させる日まで。

そして、地元の人々の苦労と決心こそは、何ものにもまさるたたかいの力。一年十カ月、つねに一切を決したのは、地元人々の決心だった。それはいかなるつよいことば、いかなる理屈にもまさる。この決心を尊重し、この決心にどれだけ奉仕するか。

拡張工事現場横での抗議集会

たたかいは、ようやく第一歩をふみだした。人と人との力の大きさ、ありがたさ。そしてすべての人たちが、不十分さをもちながらいっしょにやっていくたたかいだ。一人一人のまごころと力をあまさず一つにすることのみが、一分のウソも遠慮もなく、たたかいへ溶け合うことのみが、勝利を生む。

尾張神社での抗議集会

日本共産党は、この村をはなれない。一年十ヵ月のたたかいの上に、今こそ希望と勇気をもってがんばりとおそう。

祖国の自由と平和のために。

（一九五七・一一・一八夜記　田中邦雄）

小牧基地拡張反対同盟

愛知県西春日井郡北里村上小針
大野春吉方
小牧基地拡張反対支援団体協議会も同じ
（注、現在は小牧市に合併している）

【同盟員】
大野春吉（委員長）、大野浅右衛門、吉田伊三郎（子、重夫）、吉田綱吉、吉田松三郎、丹羽兼九郎（子、光義）、丹羽恭一（子、清）、丹羽源一（子、高雄）、吉川長寿、石井金重

反対同盟員・市之久田未調印者所有関係土地はおよそ一町五反。

注、反対同盟員も一年後、大野春吉氏以外は、用地売り渡し、移転に同意した。区割り調整が終わっていたことと、感情的なもつれから、小針地区の集団移転先地区から外れ、自分の所有地に移転することとなった。

大野春吉氏はただひとり、移転しなかった。旧家屋は、改修されたが、今も残っている。存命中は基地内に残った田畑を売らず、息子たちとともに金網に囲まれながら耕作を続けた。

②拡張計画図および当時の住宅地図

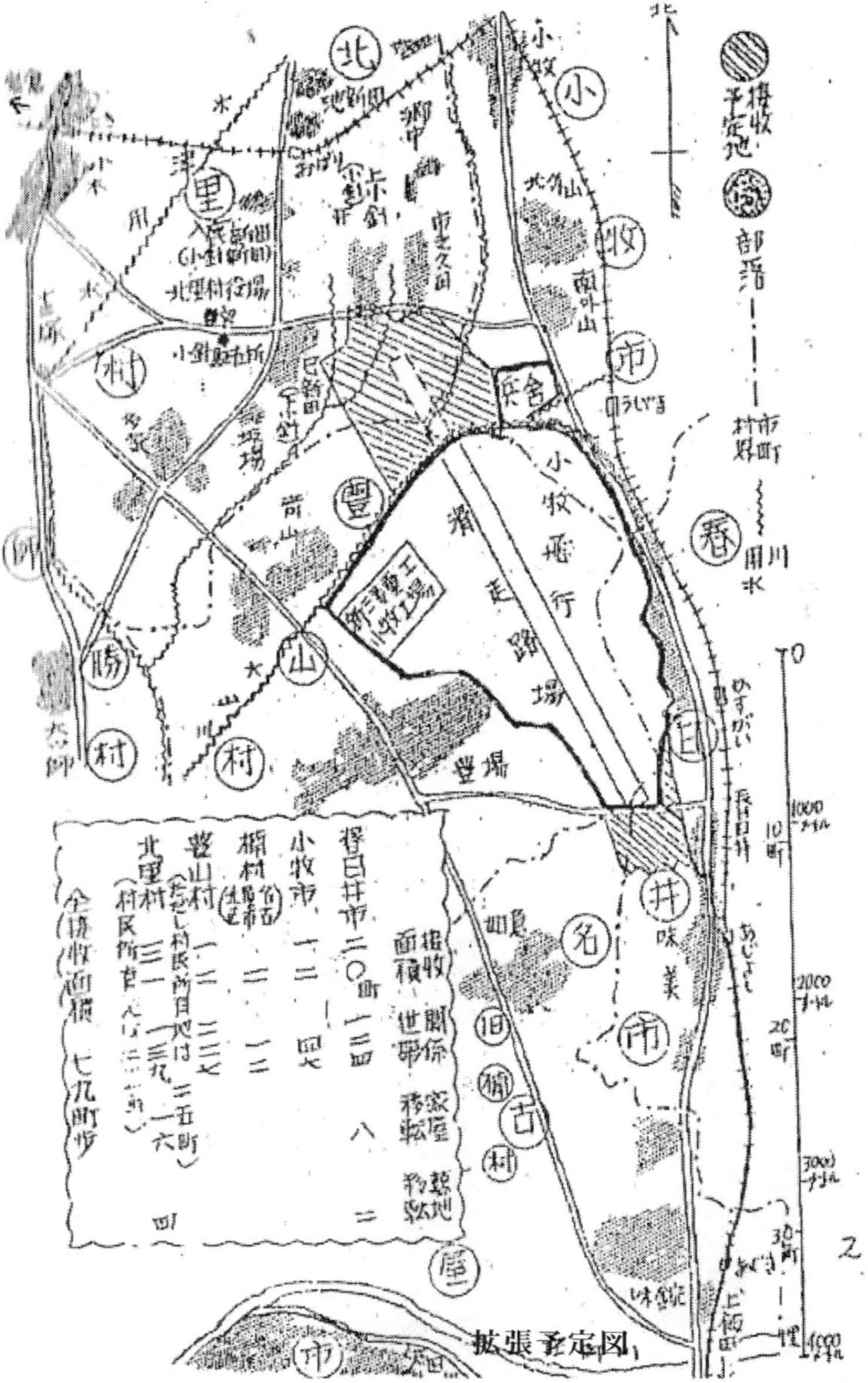

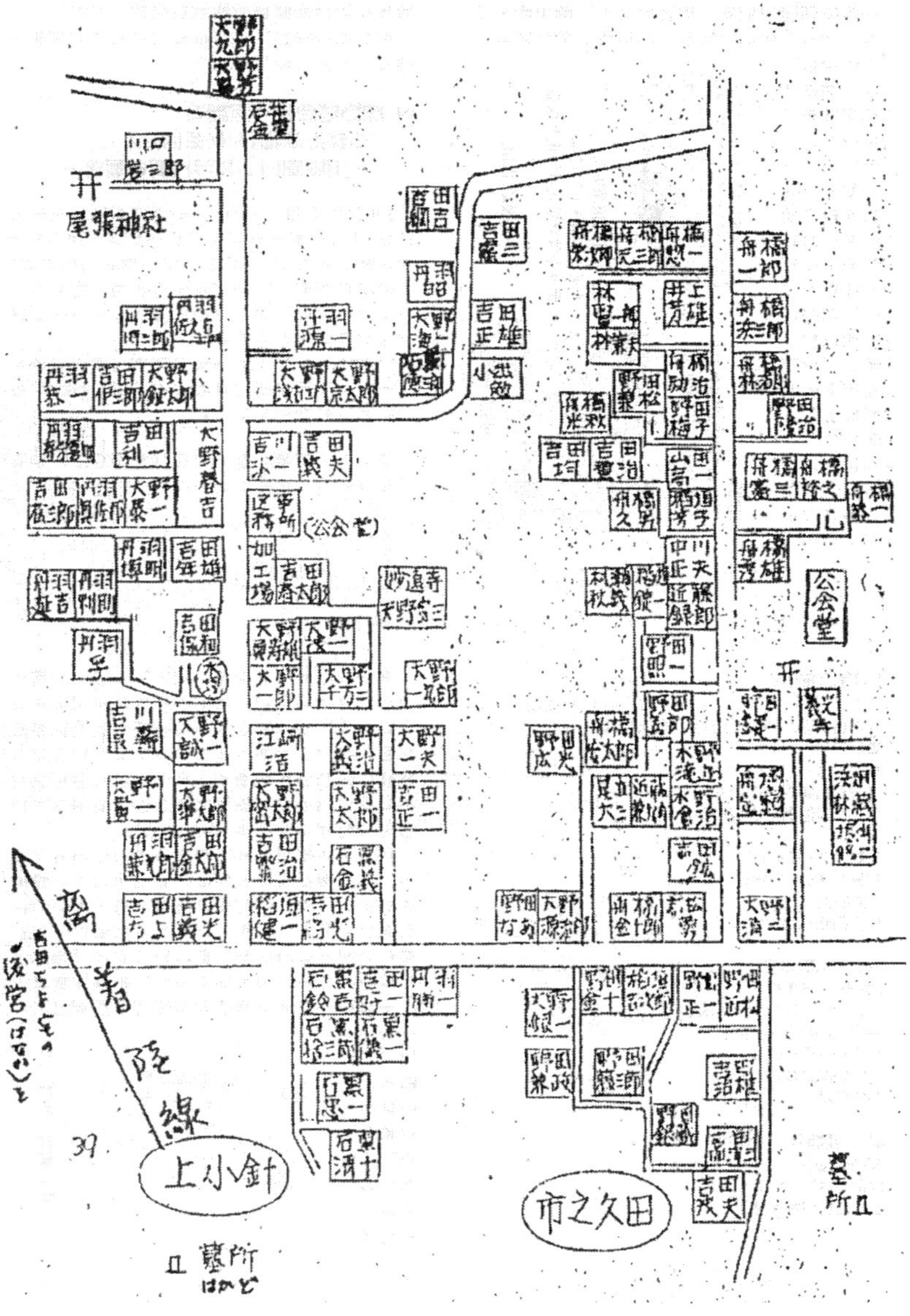

尾張神社
(公会堂)
公会堂
上小針
市之久田
墓所
はかど

砂川闘争に参加しての報告

日本共産党愛知県委員会小牧基地対策部　一九五六・一〇・二〇

十月十二、十三日の二日間、砂川町のたたかいに県委員会からも一名が参加しました。このたたかいのもよう、感想をおしらせします。

一

砂川町は立川フィンカム基地の北、東京都心から片道一時間半、五日市街道にそった細長い村だ。武蔵野の畑地で、オカボ・サツマイモ・桑苗・茶が多い。畑の目のまえまでのびた滑走路から、鉄条網スレスレに二階建のグローヴマスター(地元の人は”はなぐろ”とよぶ)が、ひくいがあたまの中までおしつぶすような音で、とびたってゆく。

この滑走路が、今度はさらに十数町歩の畑をうばい、町と街道を断ち切ってしまうというのだ。

二

私が砂川についたのは十二日の朝、町役場

では支援隊(労組)・全学連が、第四ゲート前では社会党(全国基地代表をふくむ)が、阿豆佐美

天神では東京都平和会議が、それぞれ支援団体をうけつけている。一人一人まちがいないことが確認されると、ハチマキと腕章をわたされて配置につく。(配置後には毎日違った色のリボンを胸につける。私服のもぐりこむのをふせぐためだ。)【「全学連」＝注1．「都平和会議」＝注2】

私は第四方面隊(全国金属・全印総連・私鉄・電機労連・全商工・全食糧・全学連の一部・都平和会議・民青団)に配置された。党は、行動には参加を「辞退」されていた。しかし相当多くの東京の同志たちは、この隊に入ることができた。杉並民商・日農富岡支部の農民・世界連邦運動の人々も都平和会議に合流することができた。

第四方面隊長は全印総連の労働者である。検束されたときのためにと、総評・社会党関係の弁護士の名が紹介される。フエ・手旗の合図がしらされる。

イモ畑のいたるところに赤旗がひるがえっている。

滑走路の真正面にたてた日本山妙法寺のお堂には国際仏教連名の五色の旗、二十数人の坊さんが、内灘・妙義・大高根・小牧の闘いを闘いぬいてきた西本法師(三十一才)を先頭に、うちわ太鼓をうちならして畑をまわる。

「決死」のハチマキの地元農民が、私の北里のハチマキをみつけてあいさつしてくる。小牧と砂川は「親類づきあい」の仲である。

三

雨もようの空をヘリコプターがとびまわる。新聞社ばかりではない。警視庁か米軍のものだ。しつこく低く飛んで写真をつずけざまに撮っている。

五日市街道の方から、宣伝カーが「情報」をつたえる。調達局測量隊は出発した。千三百名の第八方面警察予備隊も続いて出発。「警戒」の半鐘が鳴る。いそいで昼食。しばらくするとバケツに何ばいも山もりのイモが一つずつ配られる。社会党清瀬支部と共産党清瀬細胞群が共同で署名運動をやったときのカンパだという。まだ十五、六才の子どもっぽい民青団員が合唱の旗をふる(かれは勇敢なはたらきをした)。岩間正男さん・共産党都議団がくる。

午後二時、半鐘がつずけざまに鳴る。はるか北西の空ひくく新聞社のヘリコプターがむらがっている。いよいよ敵が三番口にやってきたわけだ。これまで第四ゲートから突入をはかっていた敵は、基地から出入することが批判のマトとなったため、前日には五番口から侵入をはかった。そしてこの日は正面突破をねらってきたのだ。

指揮所(見はりヤグラ下)からの旗の合図で(A=五番・基地の北)の地点にいたわれわれ第四方面隊も、かけ足で第四ゲートへ移動する。電通労組(?)の宣伝カーが、「前線ではすでに社会党議員団が排除され、社会党行動隊のスクラムにたいするゴボウぬきがはじまっている。わが方は、スクラムでふせぎながらジリジリ後退する。(そうしないと最前列がおしつぶされるというので)方針をとる」むね報せる。

装甲車を先頭とする警視庁予備隊は、第一・第三方面隊のスクラムをくずし、ひきぬいた労働者・学生をかたっぱしから「パイプ戦術ー二列の警官の人垣で長いトンネルをつくり、はるか後方へ送り出してしまうー でひきずりだした。だがみんな、すぐまた畑のあいだをぬけて防御線へ戻ってきてはスクラムを組む。

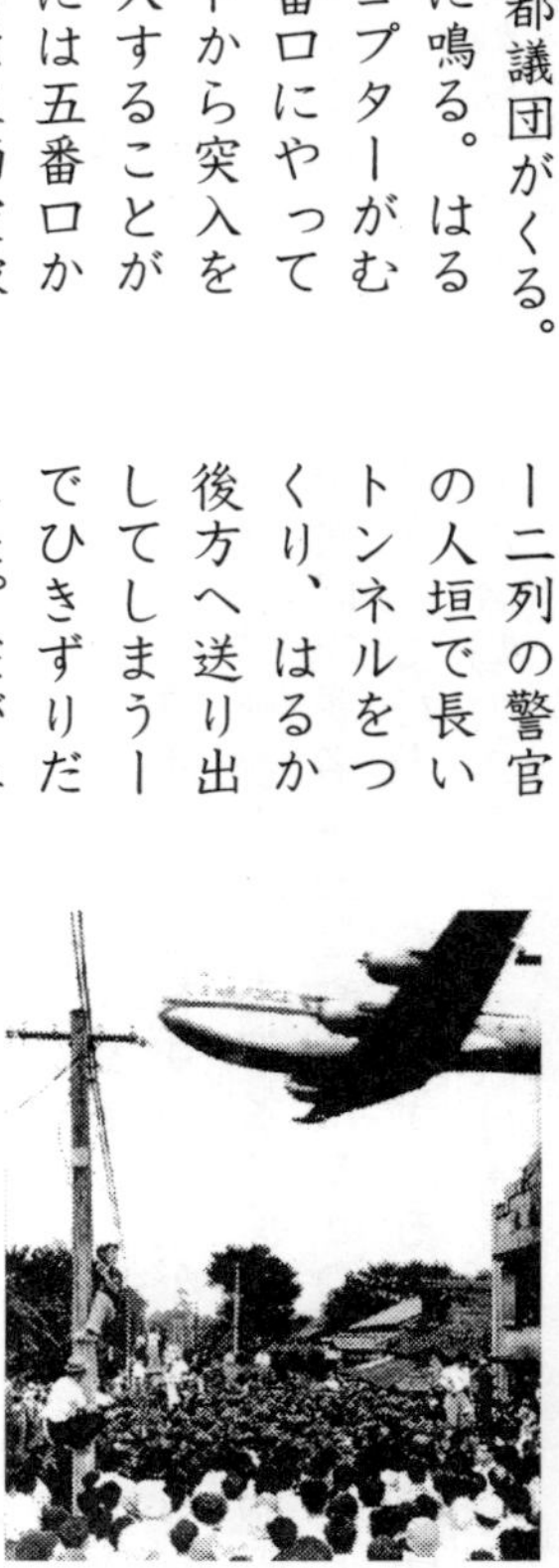

予備隊はコン棒をスクラムに突っ込み、殴り、蹴りながら、第四ゲートへわずか百メートルか百五十メートルの地点までせまった。第四方面隊、とくに最後尾にされていたわれわれ平和会議の隊(桃色に平和のハチマキ)は、ここで敵にぶつかった。

「平和」の隊は、がんばった。ぐんぐんおしてきた敵をガッチリうけとめて、逆にどっと押し返す。はげしいもみあいになった。

「税金ドロボー」「アメリカの犬」「売国奴」顔と顔がすれあうところで激しいさけびをたたきつける。引き抜こうとあせり、殴りかかってくる警官、眼が気ちがいじみてすわってしまい、顔いろは土色になっている。

おしかえされた警官は、桑畑へ侵入する。こっちもやむなく桑畑に入って防ぐ。桑畑はたちまち根のほかはみるかげもなく消し飛んでしまった。

装甲車の上に立ちはだかった隊長らしい奴、紺の乱闘服に戦闘帽で兵隊ともごろつきともつかぬ。背広がしきりと写真をとる。無線電話で連絡をとりつづけている。小石がとんだ。「石なげた奴はだれだ」「スパイだ。つまみだせ」「挑発にのるな」一切の手出しは禁ずる、石一つ投げてもスパイとみなすときめられているのだ。

押し返し、押し返しがんばるうちに、全電通と都職労(?)の宣伝カーが後ろから押し出してきた。二台ならんで道をふさいでしまう。われわれはその前でもみあった。社会党の山川都議が装甲車にとびのって大手をひろげる。ようやくにしてしずまった中で「話し合いを始める」と言うのだ。こうして予備隊はひきあげと決まった。午後四時五分である。

四

各隊は阿豆佐美天神へひきあげる。地元・支援協・全学連の報告のあと社会党のあいさつ、この日の負傷者じつに二六〇人余であった。

明日こそは早朝から警察が攻撃してこよう。二千名がこの夜とまりこんだ。宿舎は、支援労組は地元の家々のあいた部屋・納屋などに分宿する。それぞの組合旗が各戸にひるがえる。合化労連は五番公会堂にねる。国鉄労働者は「そうじはおれたちがやる」とホウキを隠した家の主人とうばいあいをやったと言う。

全学連は、砂川中学・小学校の講堂にザラ板をならべ、ムシロをしき、あき俵をかぶってねた。平和会議は六番のもと病院と言う建物に四畳半に十数人のわりあいでゴロ寝する。泥だらけで雨にぬれたまま。共産党員のあいだでは、さっそく今日の感想・総括と明日の方針が討議される。

「第四方面隊長(印刷労働者)が一人ですすんでやられてしまい指揮系統は混乱してしまっ

た」「行動を順次計画的にくみ、徹底し、守ること」「スクラムで抜かれながら後退するという方針はあやまりである」とともに行動は前後に落ち着いて動かねば密集隊形ではケガも出るし、つけいられる」「旗ザオはかえってじゃまであり、あぶない」

千葉南部地区委の書記【注4】と言う同志は、みずからもう十日もとまりこんでいた。中央も党本部から総出、都内各細胞とも一人一人が大きなギセイをはらって参加していた。

この日の動員は、支援協二六〇〇・全学連一五〇〇・全国基地一〇〇・社会党四〇〇・平和会議(共産党・民青・民商・日農などふくむ)四〇〇〇、計五千名であった。満員のバスがとおってゆくたびに道ばたから家々の窓から、「ごくろうさん」「明日もたのむぞ」と拍手がおこる。

五

午前五時――外はまだくらいが全学連本部では、急ごしらえの大カマドに大釜・ドラムカンの釜がいくつもすえられ、地元婦人会・婦団連・女子学生が炊き出しに忙しい。夜も寝ずにつくったにぎりめしの包みがわたされる。「地元には一銭のめいわくもかけぬ」――朝二十五円、昼・夕各三十円の食事は、にぎりめし二箇とお菜〝百人分でバケツ一ぱいだ。

今日は二千名の敵の攻撃が予想される。武装した敵にたいして無抵抗の地元がわ、力の分散はできるだけさけねばならぬ。常闘(常任闘争委)本部の決定で、この日は全力をあげて三番・四番に集中することがきめられた。第四方面隊は見はりヤグラ下に集結する。十三日午前六時である。雨ははげしくふりしきり、赤旗をひろげてかぶってもボタボタたれる。だれかが「これから旗は防水布でつくらなければ」とわらわせる。江口警視総監は社会党浅沼書記長とのはなしあいを拒否した。八時重野調達局次長は雨でも決行するむね声明した。第八方面本部には予備隊二千名私服二百が出動準備を完了した。ドロですべらぬよう支援労働者・学生は全員ナワを切って靴にまく。こん棒よけのサン俵を腰につけた隊もあった。

十時、敵は出動した。半鐘が鳴る。老人・婦人は救護班にまわる。五十七、八才のおじいさんはどうしても列外へでることをきかない。右手のない三十五、六の労働者も。

私服が摘発される。いい訳しながら町役場へつれていかれる。みつけだしたのは見はり台の上の地元の老人、「去年ひどいめにあって眼がこえてるからよ。一人だって入らせやしねえだよ」とわらう。共産党山梨県委員会が拍手のうちに二十名到着する。

敵が三番口へ到着した。ヘリコプターがあつまっている。十一時「敵はパンを食っています」との情報がはいる。わが方は昼食はついにまにあわない。

十二時半敵は三番口に侵入し、第二方面隊の国鉄労働者をクギづけにしつつ主力は四番口から突入した。都職・全逓・全日通などたちまちつきくずされ、敵は町役場の南、見はりヤグラ北五〇メートルの地点まで侵入した。

味方は都職の宣伝カー一台を前にすすめ、「平和」の隊はここで敵と衝突した。警官は今日は鉄カブトをかぶり、いきなり顔をめがけてなぐりかかり、ドタ靴で蹴ってきた。私の左にいた長野県上伊那の同志は、首にまいていた手ぬぐいをつかんでしめられ、髪をつかんでひきずられ引き抜かれた。「この野郎」「きさまなんか殺してやる」となぐりつけてきた。

ひきぬかれると例によってトンネルをひきずりだされる。無抵抗のわれわれを前後から殴り、蹴り、突き倒して、「兵隊へいってみろ、あたりまえだぞ」「さっさと出ていけ」とののしるのである。

われわれは警官をつきとばして隊列へもどった。

警官は道から前進するのが困難とみるや、畑へ乱入した。われわれもまた畑へでてこれと対峙する。

栗原ムラさんの家は、スクラムでかたくかこまれた。

栗原さんの家は、去年第一次収用認定のとき、ついに測量できずにのこったのであり、この十六日までに測量できねば、一年の期限がきれて収用は法律的に無効になってしまう。しかもここは誘導路の予定地である。敵としてはどうしても突破せねばならず、我々としても何としても守るべき地点であった。

敵は畑の中にノボリをあげる。あらかじめ用意してきたものであろう。「他人の田畑に無断で立ち入ることは土地収用法によって処罰される」バカヤロー、どっちがだ。つずいて、「これ以上妨害する悪質なものは検挙する」。

敵は畑の中に展開した。西本敦法師を先頭に日本山妙法寺の人たちが畑の中にすすみでる。敵は棍棒をぬいた。畑の中を野菜をオカボ・サツマイモをふみあらしてつっこんできた。

敵は棍棒でいきなりひたいを突いてきた。鉄カブトを顔にぶつけてきた。胸をつき、腹をついてきた。引きずり出されてはまたスクラムにもどる。ついに敵は栗原さん宅に突入した。

「平和」の隊は、はじめの打合せどおり、見はりヤグラの北に集結する。まだ二時半にもならぬ。味方の多くはすでに力つき、さすがに動揺した。はじめてこう言う敵の暴圧とたたかった労働者、かれらは一切を承知で敵の暴力にすすんで身をさらした。だがここにいたって、さすがに一時とはいえ、隊列はみだれ、指揮もとどかなかった。

「隊を組ませよう」そういう下から三、四人が走りだしてみんなをまとめようとする。

敵は目のまえの道いっぱいにあふれた。もみあいつつ対峙する。わが方はおよそ四百名。後続部隊はない。その八割は全学連と共産党員、そして社会党行動隊・全印総連・大蔵恩給職組・全駐労・全電通……。

目の前の道路で測量がはじまった。生垣を必死でゆすぶって阻止しようとする。敵はふたたびノボリをあげた。「道路交通取締法違反だ」「全員検挙する」

「税金ドロボー」「人ごろし」、「民族独立行動隊」と「おらあ労働者だ」インターの歌ごえ、「ポリ公かえれ」は「アメ公かえれ」にかわる。敵は総攻撃にうつろうとする。

「うさぎおいしかの山、小鮒つりし……」の歌ごえが、大合唱に変わった。【注5】

闘争本部の指示――「総検束は明日への闘いに大きな支障となる。おしあいつつ後退せよ」警官と測量隊が生垣の間から、わが方の左翼に侵入する。目の前五、六メートルのところへクイがうたれる。たまりかねた社会党の山川都議がとび出したとたんに逮捕される。どっとおし出そうとするスクラムを都委員会の同志が必死でとめる。

四時である。測量時間の五時までどうしてもがんばらねばならぬ。とりこわされた材木の散乱する条件派の宅地、生垣、井戸――わるい足場を一歩一歩ジリジリとおされて後退する。

みんな闘争力を失ってはならぬ。ガラガラ声の音頭でふたたび歌う。四時四十五分、ついに敵は夕やみの中をひきあげた。

イモ畑は、ツルまでこまぎれにされた。オカボはあとかたもなく蹴散らされた。第一次の残りの土地の大部分は一応クイをうたれた。だが今度の測量面積の六割は、ついに手をつけさせなかった。

六

午後五時、蛇行デモの大波が、五日市街道を阿豆佐美天神へひきあげる。

泥だらけでつかれきっても、戦闘力は一人としておとろえぬ。家々は総出である。四つか五つの子どもたちが、いっぱいのこえをはりあげて、「アリガトウ、アリガトウ」とさけびつづけている。これが日本である。日本の国に、この村が生れた。

青年郷土愛好会(地元青年会)の女の人たちが、私の北里のハチマキに、「小牧へかえったら、ぜひこのことをしらせて下さい」とくちびるをかむ。

七百三十人のギセイ者に、地元のおばさんたちはみんな泣いた。そして国鉄の女子労働者がころされたとのうわさが、命をとりとめたときいてだれよりもよろこんだのもこの人たちであった。

「宮伝」町長宮崎傳右衛門氏は、消防団長の制服制帽でさらに闘う決意をのべた。文字どおりあらしのような拍手とカン声にむかえられた共産党代表のことば「正しくないものは最後の勝利をうることはできない」に、「そのとおり!」と確信をもってこたえたのも地元農民であった。明日にそなえていっそう大ぜいのとまりこみをするのに「今夜はみんな家中でザコ寝してもらうべえ」と、力づよい声ではなしあっているのも地元の人々であった。

前日、大きな抗議の声にもかかわらず共産党代表にあいさつをさせなかった社共のあいだの一線は、ふっとんでしまった。

七

このたたかいで感じたことは、まだ十分まとまっていないが、

一、暴力を心から憎み、平和と独立と民主主義を守ろうとする気もちは、全国民のあいだに高まりつつあるという事実である。

とくに東京の労働者は、職場ではなしあいをかさね、すすんで参加した。暴圧にもかかわらず動員は高まる一方であった。そしてその一人一人が棍棒のまえに少しもたじろがずに身をさらした。全学連の学生の活動は、信頼のまとであつた。一ばん苦しい目だたぬ部署をひきうけて地元に奉仕し、ぬかれてもぬかれても最大のギセイにも屈せずたたかった態度は、まことにりっぱであった。

団結は暴力に勝った。不可能を可能にする道は見出された。この確信は、必ず生かされるであろう。

二、支援各団体のつよい連帯性と自覚と規律ある行動こそが、この闘いをささえ、ふかめた。

愛知県から参加したある社会党員(労働者)は、「各団体各層が、『あなたたちのおかげで闘えた』という謙虚なたいどでむすばれているのに本当に感げきした」と言う。まさにそのとおりであった。社会党行動隊もじつによくたたかった。そして、地元農民の団結こそこれらの基礎であった。

三、共産党の力は、大きく発揮された。

党の闘争力とこれまでの経験は、重大な瞬間に生かされ、敵をつねにくいとめた。同志たちはすべて、おちつきと「まとめること」を忘れなかった。一見いかに小さくとも、党の正しい判断力と実行力・団結の前には、統一は必ずなしとげられる。統一とは、共産党の現実の力をみがいてこそである。

【注1念のため記す――「全学連」は、反革命トロツキストが指導部を占拠した安保闘争時と違って、当時は健全であったが、翌年1957年基地内測量阻止闘争などを経て、極左挑発者が影響を強めるに至る。】

【注2日本共産党と民主勢力のかなりが、社会党内の反共主義によって、共同参加を「辞退」＝拒否されていた。「都平和会議」は、そういう中での日本共産党と民主勢力の参加形態であった。

【注3この時期は地区委員長を「書記」と呼んだ】

【注4このアンダーラインを付した一行は、欠落していたのを、この一行に限って、あえて追加した。重要な歴史的事実であり、記録「小牧基地」本文にも明記している。この「ふるさと」の大合唱こそが、参加者すべての思いを統一し、敵の非道を衝く、最大の「たたかいの歌」そのものとなった。大地の底からわき上がるような、ほんとうの「たたかいの歌」であった。よく伝えられる「赤トンボ」の歌は、他の歌とともに歌われたかも知れないが、聞いた記憶は、なぜか当時から私にはない】

1956年10月13日、武装警官隊が地元農民らに実力行使、1195人が負傷。

第三章　村役場書記（当時）・丹羽正國氏の回顧

―集団移転五〇周年記念式典での講演をもとに、編者が加筆・補正、中見出しを附す―

安全保障条約第3条により、小牧飛行場拡張の用地提供を通告

当時、北里村役場に勤めていました。村長以下職員十八名。現在の北里小にある忠魂碑北側に木造平屋建てで、建っていました。

昭和三〇年三月二十六日　玄関前に黒塗りの一台の乗用車がとまり、名古屋調達局長・田中透氏ほか三人から「村長に面会したい」と申し入れがありました。当時の村長は、小木のデキモノ医者舟橋鏡治氏でしたが、不在だったため、村長室にて私と関戸助が応対しました。（注、村長は県内でも「できもの医者」として有名であり、役場へは週一、二回顔を出すだけというのんびりした雰囲気であった。重要な書類でも決裁欄は、村長の印がなく、助役のみというものがある）

通知の内容は、「日本国とアメリ今衆国との安全保障条約第3条に基づく行政協定を実施のため日本国に駐留するアメリカ合衆国の軍隊の用に供する目的をもって昭和三〇年九月二〇日付けで日本国閣議決定により、小牧飛行場を拡張のための用地提供をお願いしたい」で、図面を広げて、説明がありました。

当時の北里村役場の様子

国・県に対して村長・助役・書記の3人のみで極秘裏に対応。平静さを保とうとした。

これによれば　小針区の家屋数軒も含まれておりました。この旨を村長に伝えるという事で帰ってもらいました。その後、多小の連絡や土地台帳調査などががありましたが、村

として確定的な返事はしないまま過ぎていきました。県などから通知があると助役がみんなを一室に集め、内容を伝達するといった具合でしたが、この件については他の職員には伝えられませんでした。

　ことの重大さがよく理解出来ていないいまま、日が過ぎていったように思います。

全村民の反対運動始まる

　四月に入り、正式に土地買収について同意書を取り付けてもらいたいとの依頼書が来ました。

　村として事の重大さに驚き、五月の村議会において小牧飛行場拡張反対を決議し、反対運動に入りました。私にも革新系団体、労働組合主催による小牧飛行場拡張反対愛知県民大会を名古屋鶴舞公園野外音楽堂で開催するので、挨拶をと依頼がきました。

鶴舞での拡張反対県民大会 1995.6

　会場挨拶のなかで私は、「隣の吉田伊三郎氏が亡くなるとき、俺を拡張用地内の名野墓地に埋めてくれ。死んでも俺は拡張反対だと言い残して亡くなりました」と大いに反対をアピールしました。

　その後二、三日過ぎて、豊山村村長・井上重慶氏から北里村長に「役場職員で大会で飛行場拡張反対の演説をしたものがおるそうな。そんな者は首きってしまえ」と電話があり、苦笑いをしたような事がありました。

野外音楽堂に集まった北里村民

　小針区においても、反対運動一色になりま

した。

村長は反対運動を見限り、条件闘争にカジを切る

反対運動が激しく展開しているさなかの昭和三一年五月十八日付けで名古屋調達局より土地買収について同意書とりつけの督促依頼書が参りました。

内容は、

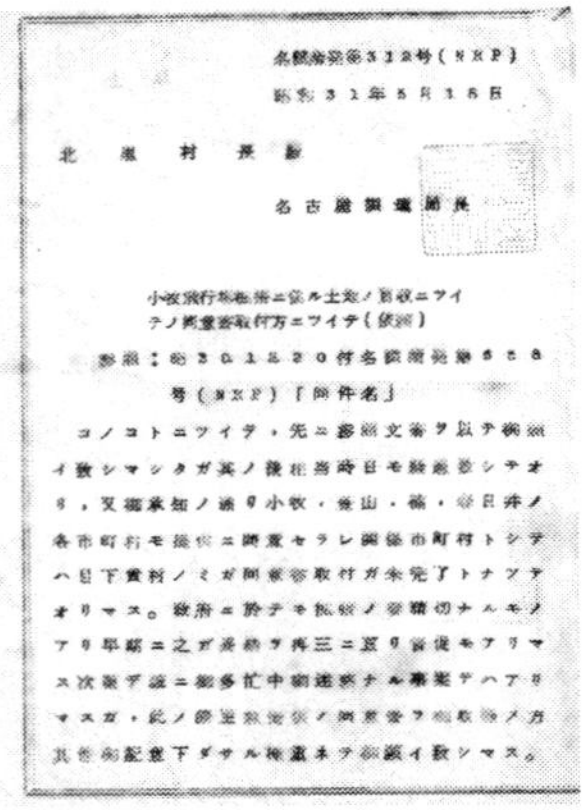

名調施発第312号(NXP)
昭和31年5月18日

北里村長殿

名古屋調達局長

小牧飛行場拡張ニ係ル土地ノ買収ニツイテノ同意書取付方ニツイテ(依頼)

参照:昭31.2.20付名調施発第 号(NXP)「同件名」

コノコトニツイテハ、先ニ参照文書ヲ以テ御願イ致シマシタガ其ノ後相当時日モ経過シテオリ、又御承知ノ通リ小牧・豊山・楠・春日井ノ各市町村モ既ニ同意セラレ関係市町村トシテハ目下貴村ノミガ同意書取付ガ未完了トナッテオリマス。当局ニ於テモ極メテ緊切ナルモノアリ早期ニ之ガ完結ヲ再三ニ亘リ督促セラレテオリマス次第デ誠ニ御多忙中御迷惑ナル事デハアリマスガ、此ノ際至急貴村ノ同意書ヲ取纏メ方特段ノ御配意下サル様重ネテ御願イ致シマス。

「小牧、春日井、豊山、楠の各市町村は、同意書の取り付けが完了している。北里村のみが未完了である。至急同意書のとりまとめをしていただきたい」というものでした。

此の文書を、村長が読み「そうか」とうなずき帰られました。

(以下は、今回の出版に当たって、初めて当時の秘密事項が明らかにされ、編者の責任で加筆補正したものです)

村長は早くから国に反対するなどということは考えていなかったようです。最初から条件交渉を考えていた豊山村長井上重慶氏と緊密に連絡を取り合っていました。役場の電話を使わず自宅の電話などを利用していたようです。

村の人からは「村長にしっかり反対の行動を取るように言ってくれ」と迫られましたが、役場の職員ですから、言葉を濁していると、「お前は賛成派か」と詰め寄られたりしました。賛成とも反対とも言えず困った立場でした。あるときには私の態度に疑いを持った反対派の人が押しかけ、青竹で門をバンバンたたいたりしました。怖がった妻が「警察に連絡しましょうか」と言いましたが、そんなことをしたらますます悪い結果になると思い、「ほっとけばいい」となだめたこともあります。

翌日、村長は私に「此の手紙を名古屋の田中調達局長にとどけてくれ」と渡されました。その封筒は役場の封筒でなく、村長の病院名

の印が押してありました。秘密のやりとりでした。

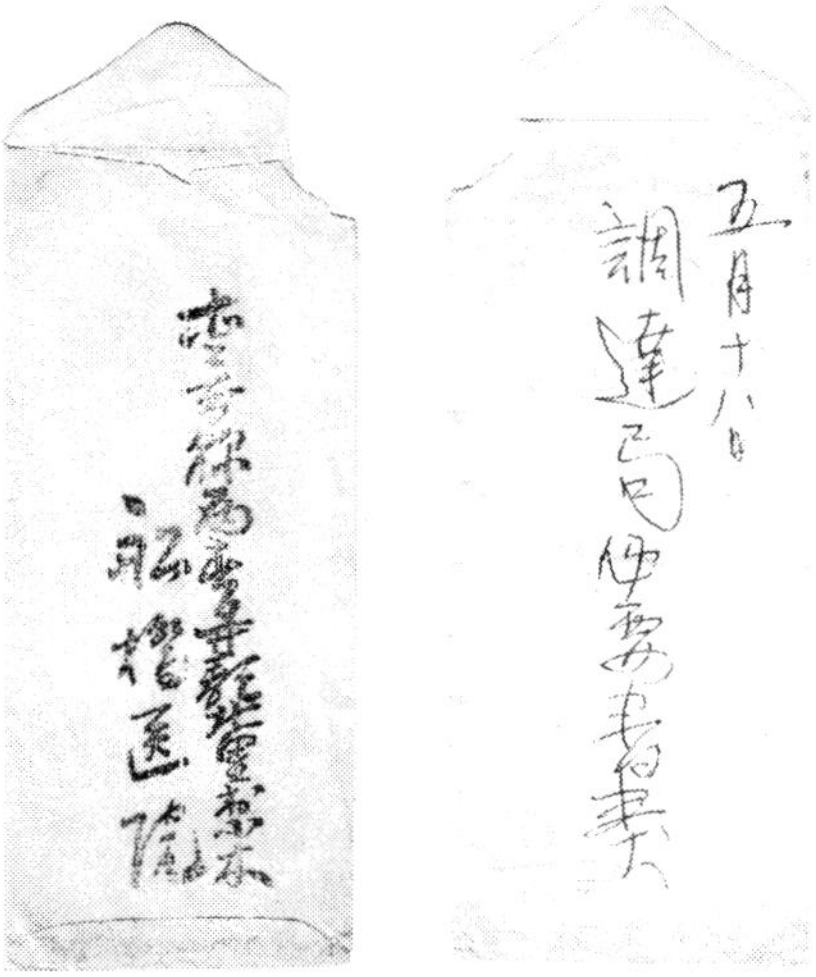

中身は村長が持ち帰り、封筒を丹羽氏が保管

名古屋市北区にある昔の六連隊司令部（注、旧日本陸軍の愛知県司令部）に入って、調達局長田中透氏に届けました。局長はこれを読み「わかった」と一言。私は「どんなことが書いてありますか」と訪ねますと、「何も言えん。今、返事を書くから村長に届けてくれ。」と持ってきた封筒に入れて返事を渡しくれました。内容について、私はだいたいわかっておりましたが、以来五〇年間、誰にも伝える事なく、秘密にしておりました。今日ここで初めて発表するわけです。

ついに同意書に調印

これ以来、反対運動も条件運動に変わっていきました。まず目標にされたのは、戦前までは小作だった人たちです。戦後の「農地解放」で思わぬ土地が手に入り、また今度、国が土地を国が買い上げ、移転補償金も出るということになったのです。「ご先祖様から受け継いだ土地を手放せるものか」という気持ちだった自作農の人たちとは違ったものがあったのでしょう。移転同意者が増えていき、ついに昭和三一年十二月一日付けを以て小牧飛行場拡張土地提供同意に調印をしました。

　同意の条件である小針住宅集団移転がみとめられたことにより、昭和三三年一月十四日、小針共同事務所において「小針住宅集団移転組合」設立総会を開きました。村長・船橋鏡治を理事長と定め、大野誠一外五名を理事に選任しました。議事録に記載し一月十六日、調達庁長官・上村健太郎に送付しました。

これを受け、一月二四日に調達庁より、買収条件が示されました。

（注、①協力に対する「お礼金」であり、精神的苦痛に対する慰謝料や見舞金ではないと末尾で念押ししている。

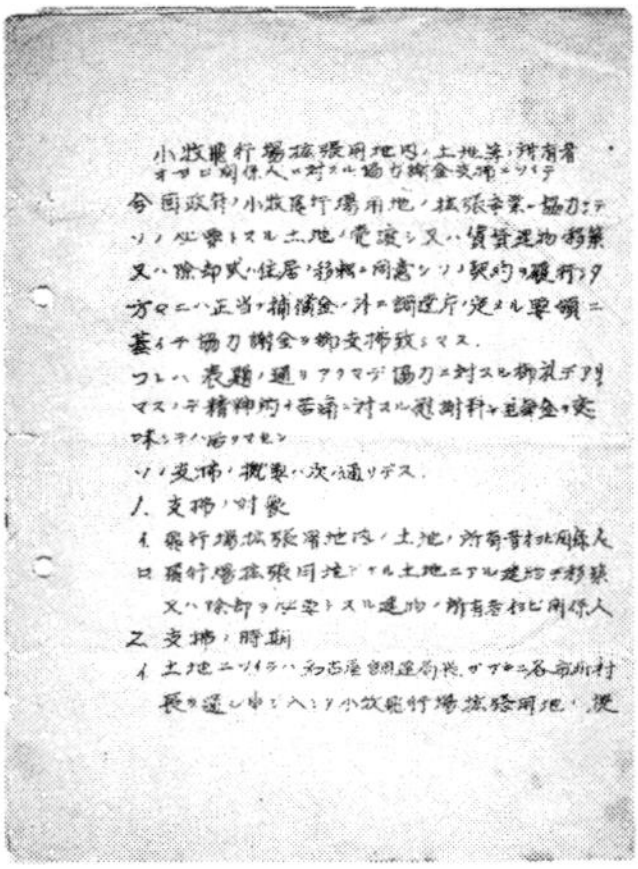
小牧飛行場拡張用地内ノ土地等ノ所有者
オヨビ関係人ニ対スル協力謝金支払ニツイテ
今回政府ノ小牧飛行場用地ノ拡張事業ニ協力ニテソノ必要トスル土地ヲ売渡シ又ハ賃貸建物移築又ハ除却或ハ住居ノ移転ニ同意シソノ契約ヲ履行シタ方々ニハ正当ノ補償金ノ外ニ調達庁ノ定メル要領ニ基イテ協力謝金ヲ御支払致シマス。
コレハ表題ノ通リアクマデ協力ニ対スル御礼デアリマスノデ精神的ナ苦痛ニ対スル慰謝料ヤ見舞金ノ意味ニテハ有リマセン
ソノ支払ノ概要ハ次ノ通リデス。
1. 支払ノ対象
イ 飛行場拡張用地内ノ土地ノ所有者オヨビ関係人
ロ 飛行場拡張用地デアル土地ニアル建物デ移築又ハ除却ヲ必要トスル建物ノ所有者オヨビ関係人
2. 支払ノ時期
イ 土地ニツイテハ名古屋調達局長ガ予テ各市町村長ヲ通シ申シ入レタ小牧飛行場拡張用地ノ

注、①移転は自発的協力であって、国が被害を与えることに対する補償とは絶対に認めていない）

②支払い対象者は、拡張によって影響を受ける土地・建物所有者、及びその関係者（借用者）であり、買収申請書を提出し、契約通り履行したる者。（あくまで契約ということで「申請」させている）

③支払時期は、土地に関しては、契約締結後、建物については移転完了後速やかに支払う。

金額（土地代ではなく謝金）の概要は別紙で提示された。

主な内容は次のようである。

田畑については、

・農地六反以上所有者ー三十五万円

・四反以上六反未満ー三十万円

と面積に応じて切り下げられていく。一反未満は五万円である。

建物については

・店舗・工場の所有・経営者は三十五万円

・同、賃貸者三十万円

・住宅居住者三十万円

・借家人　　五万円

最高金額は、田畑を持ち、自宅に住む農家は合わせると六十五万円になるはずでありますが五十万円を上限と限定されました。

（注、当時村の書記(ナンバー3の位置?)の丹羽氏の月給が一万三千円だったので、多くの村民にとっては、目にしたことのない大金だ

った）

村は、もっと有利な条件を引き出そうと、二月十二日に要望書を提出しました。

①移転補償費、見舞金の支払い対象区域を１５００ｍに広げること

②さらに騒音、噴煙、悪臭等甚だしきため、進入表面以外の者にも辛抱料または迷惑料を支払うこと、

③道路工事、用排水路工事への補償

④移転補償、一戸あたり二五〇万円（国の提示の最高額は五〇万円）

その他、生活全般に関わる補償要求書を提出しました。

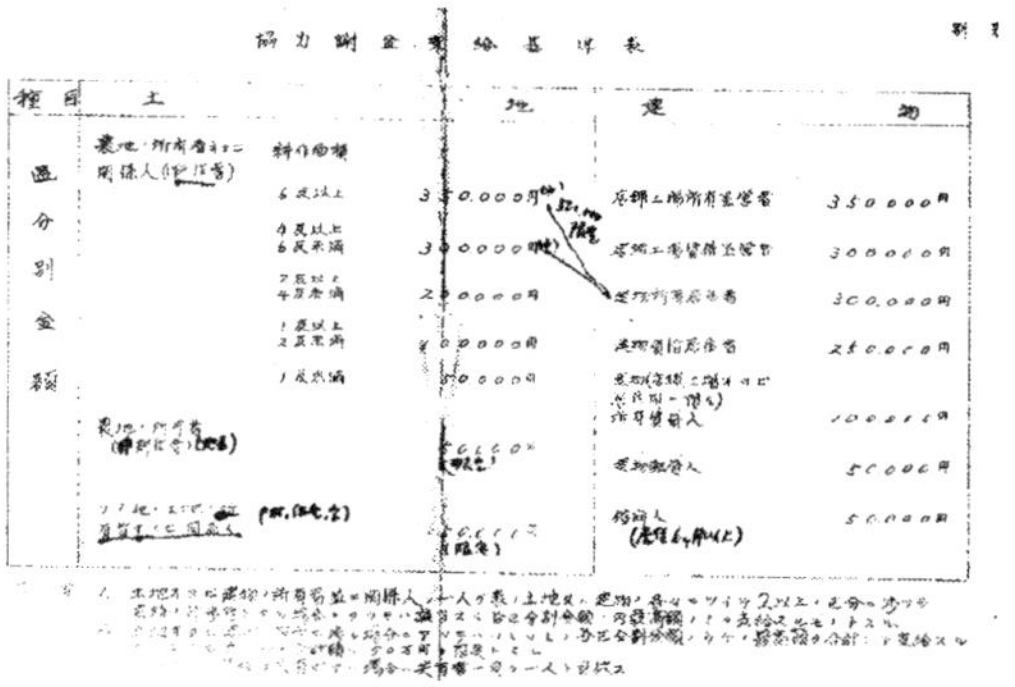

契約金額を提示した書類

しかし同意後ですので、完全に無視されてしまい、国の一方的な提示のままでした。

しかしこの要望事項は、その後「特定防衛施設調整交付金」制度により実現できていきます。こうして調達局が進めていました土地等補償調書に各自が三三年一月一八日付けで調印しました。離れの小屋から庭石、植木にいたるまで、補償の対象になるものを細かに書き上げなければなりません。

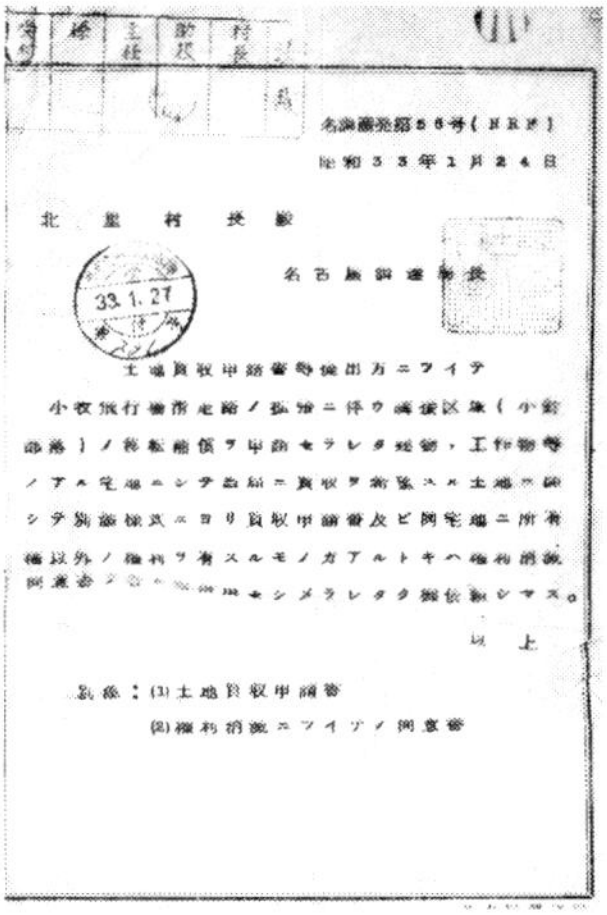

調達庁が土地物件所有者に申請書提出をを求めた

この調書をもとに移転補償申請書提出。そして昭和三三年二月十五日土地等損失補償契約書に記載されている金額を以て了承し、あわせて、昭和三三年五月十五日までに移転を

完了する地上物件移転誓約書に印鑑を押し、保証金の支払い請求をしました。
村では、これ以上の面倒を引き起こしたくないということで誓約書を作りました。

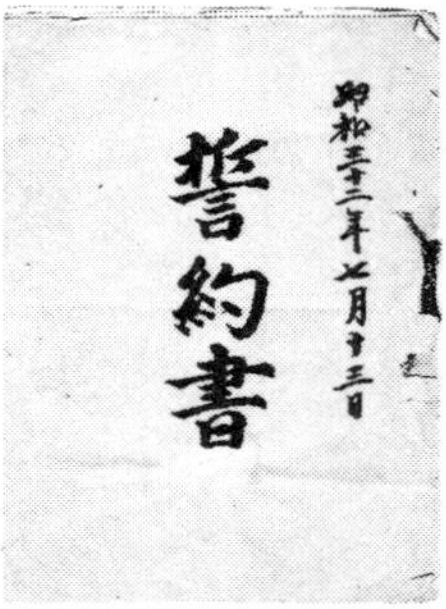

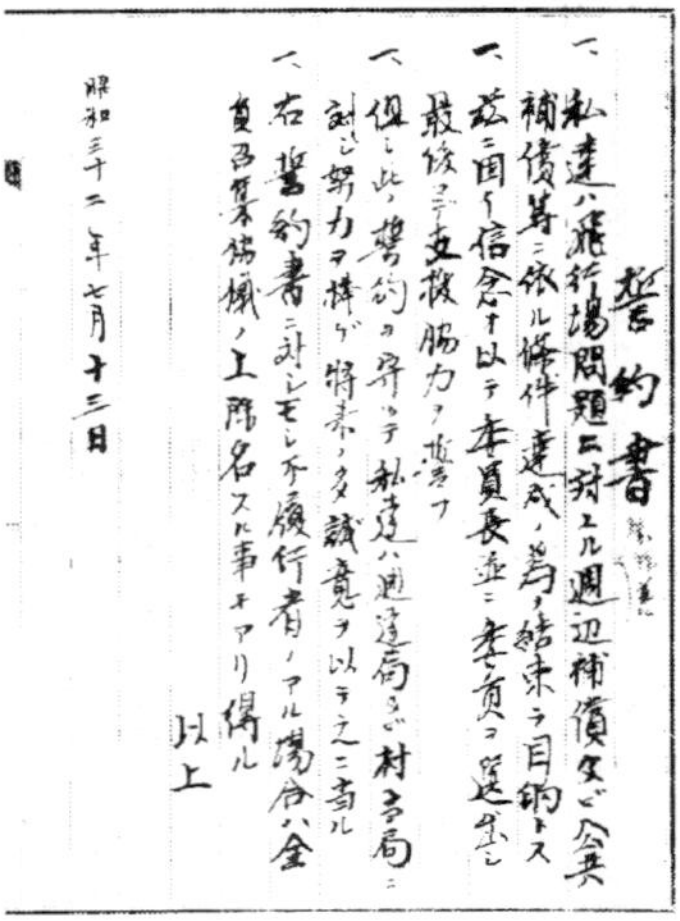

誓約書

一、私達ハ飛行場問題ニ対スル周辺補償及ビ公共補償等ニ依ル條件達成ノ為メ結束ヲ目的トス

一、茲ニ固キ信念ヲ以テ委員長並ニ委員ヲ選出シ最後迄支援協力ヲ盡ス

一、但シ此ノ誓約ヲ守ッテ私達ハ調達局及ビ村当局ニ対シ努力ヲ構ジ将来ノ為メ誠意ヲ以テ之ニ当ル

一、右誓約書ニ対シテモシ不履行者ノアル場合ハ全員召集協議ノ上除名スル事モアリ得ル

以上

昭和三十二年七月十三日

以下、署名捺印が続く。末尾に鉛筆書きで2名が追記されているが、捺印無し。生活保護者とのこと。

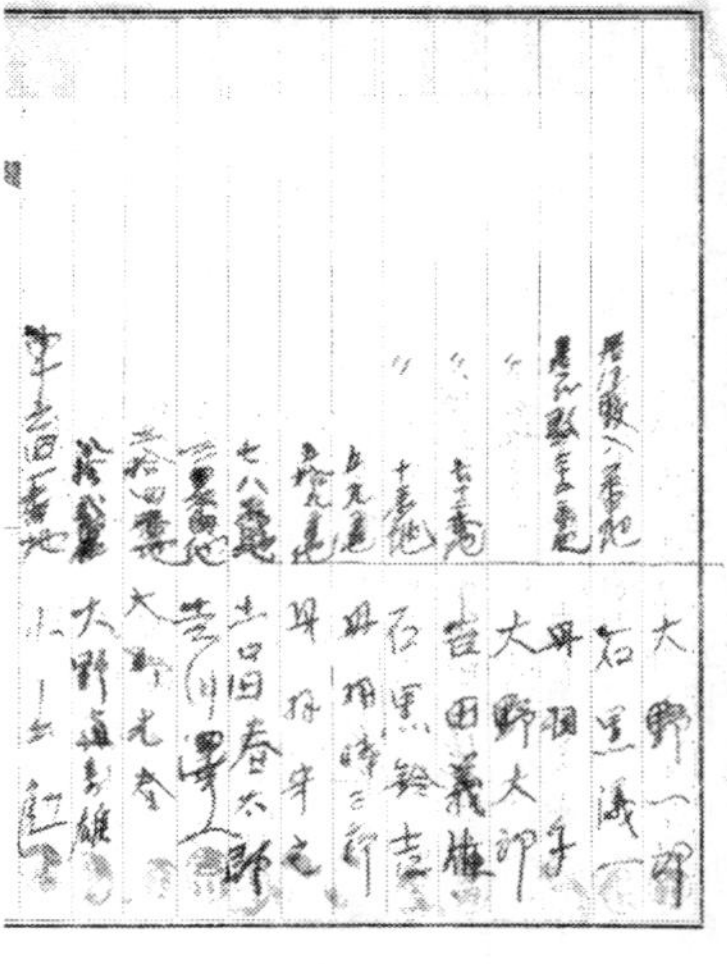

「誓約書」の内容は
①目的は、主編補償費の要求貫徹のために結束を固めるためである。
②調達局・村当局に将来のため誠意を持って当たる
③不履行者に対しては除名もあり得る。

（注、この決着は、砂川や内灘地区を意識してか、不明朗なものであった。日銀へ呼ばれ、なんと現金で村に支払われた。機密費か何かだったのか、今では考えられないが大金を風呂敷に包んで持ち帰ったという。守衛に「大丈夫ですか」と気づかわれながら帰路についた。

丹羽氏らが名古屋に戻ると東海銀行や農協の預金担当者が待ち受けていた。その夜、接待を受け、村のお寺の大広間は、どんちゃん騒ぎとなった。その後、小牧の小さな電気商店が、テレビ売り上げ日本一になったり、敗北感からか連日、飲みまくって荒れる人、移転組合の会計簿が公開されず、現在も所在不明で使途不明金が出るとか、村に混乱と疑惑が生じた）

移転をめぐる混乱

これで移転に関する手続きは完了しましたが問題はどこに移転するかということになりました。結果として小針の旧地名、三月堂、大門先、観音堂、そして薬師寺前の今のこの土地に決定しました。しかし此所で大きな問題が起こりました。それは飛行場拡張に反対し土地提供の調印をされない方が五、六人おられ「集団移転で俺たちの所有する土地に一歩も入るな。勿論土地の提供はしない」という強硬な意志標示があり宅地割りに苦労しました。一軒当り七畝平均とする宅地五〇数戸が移転不可能な状況になり、やむを得ず九人の方が、下小針地区天神社東に移転することになりました。今の九軒屋敷でございます。

後ろ髪を引かれる思いでの移転作業

この土地には国有地がありました。そこで私と大野誠一さんと二人名古屋駅から汽車ポッホに乗り京都の財務局に赴き、小牧飛行場拡張の事情と小針集団移転の様子を訴え国有地の払い下げについて了解を得てまいりました。その時財務官が「北里村は、豊山村の事か」と訪ねられ、「いいえ、北里村は北里村。豊山村は豊山村」と答え笑ったことでした。

そして現在の宅地割りがようやく完成しましたが、今度は農地法により所有権の移転許可申請書作成に約二ヶ月間かかり、三三年十二月十八日に愛知県知事に申請し、一週間後の二五日に許可をとりました。

いよいよ住宅移転がはじまりました、なにしろ五〇軒余りの一斉移転であり、お宮前の道が広小路より混雑しました。ある方は家をそのまま「ころ」に乗せ、現在地まで引っ張ってくる、またある家は取り壊し移築をする、新築をする、それぞれの方法により調達局と

約束しました五月十五日までに土台石ひとつ残らず移転完了しました、

初代丹羽家は天明四(1784)年、此の地に住み始め、現在宅地三〇四坪　建物約百坪あり私ども夫婦ではどうすることも出来ず、お蔵そして門は岐阜県の方、座敷は春日井の方(注、山田家)、水屋は下小針の方に、主屋はぶちこわし、残った木材は名古屋の風呂屋さんにもらってもらいました。ようやくにして片づきました

当時の丹羽家。農家の造りはどこも同様であった。

母屋を壊す二日前に仏壇をリヤカーに乗せ門まで出て来て後ろを振り返り、これが約二百十年住み慣れた我が家の最後かと思うと涙が出てきました。傍らにいた女房も涙ぐんでいまおり、「さあ行こうか」と私がリヤカーを引き、風呂敷に御先祖様の位牌、お曼荼羅様、お楚々様の包みを持ち、後から女房が一歳に満たない乳飲み子を背負い、五歳の子供の手を引いて後を押し、舗装してない道をゆっくり、ゆっくりと現在の家までたどりつきました。これが我が家の最後の引っ越しでありました。皆さん方もそれぞれ思い出はあると思います。

初めての署名活動や名古屋の中心部でのデモ、そして県庁に何度も足を運んだり、国会で代議士に面会したり、村民の知恵と力を振り絞った。しかし、三年六ヶ月をついやした基地拡張反対運動は終わりを告げました。

それで昭和三三年十月、小針集団移住記念碑を建てました。北里村長以下関係者があつまり大野誠一集団移転組合委員長のお子さん育子さんにより除幕し、移転完了の式典を開催しました。碑のうらに住宅移転の簡単な経

緯と関係者の名を刻み、古今の感に堪えるものなりと記して置きました。

【資料】

飛行場拡張用地十六万八千五〇八坪
うち北里村　九万八千四四〇坪
移転旧宅地　七千四三六坪
補償費　一坪当り三千一七〇円
支払総額　二千三百五七万四千三四〇円

集団移住記念碑の碑文は丹羽正國氏により次のように記された。

集団移住記念碑

「古来、小針部落は和順の実を伝う時、昭和三十年三月二六日、日米安全保障条約に基づき、名古屋調達局より小牧飛行場用地拡張の要請を受く。部落民日夜話し合い、集い、協議の結果、昭和三一年一〇月一日、小牧飛行場用地拡張に同意調印せり。この補償の条件として住宅集団移転組合を設置、昭和三三年三月二一日起工式を挙行。さらに短日の間に、炎熱を侵して微を開き、陰を発し、、この地を埋めたてて完成した労苦多なりと請うべし。事終えて一過し、、碑を建て古今の感に堪えるものなり。」

（丹羽正國　記　編者が加筆・補正）

【丹羽正國氏略歴】

1925（大正14年）北里村己新田に生まれ。
1946年　旧制熱田中学卒業後、逓信省（後の郵政省勤務）。
1947年　請われて北里村役場書記・農務係に。小牧基地拡張反対運動の渦の中で役場吏員して、村民として、苦闘。条件運動になった後は、国との交渉や集団移転地の区割　りなどの実務の中心となる。
1963年　北里村が小牧市に合併することで、小牧市役所職員となる。
1982年　定年退職

第四章　小牧基地拡張反対運動と愛知県学連

―愛知県学連の代表として現地に住んで―

福田　静夫（日本福祉大学名誉教授）

山田隆幸さんが、今度新しく「小牧基地反対運動論」をおまとめになるというので、かつて愛知県学生自治会連合（愛知県学連）の代表として現地に住んだことのあることを思い起こして、いくらかの参考になればと、小文を寄せさせていただくことにした。

青春にとって希有の時

思い返してみると、小牧基地拡張反対同盟の委員長であった大野春吉さんのお宅の離れに、愛知県学連の現地責任者として住み込みながら、当時名古屋城内の一角にあった旧軍兵舎を利用した名古屋大学文学部に通うことになったのが、一九五六年の一〇月からであった。もう半世紀を遥かに超える昔のことであった。そして五八年三月の末、大学の学部四年生となる時期を迎えて県学連の任務を後進に譲り、新しく文学部自治会の書記長を引き受けることになったことと、何よりも卒業論文を書き挙げるという課題のこともあって、大野さんのお宅を出ることになった。この間の大野さんのお宅で御世話になった一年半は、私の青春の時にとって、何物にも代えがたい稀有な時であった。

私が大野さんのお宅で御世話になることになったのは、私にとっては、或る種の運命的な出来事であった。

連日のように空襲の続く名古屋に住んでいたが、敗戦の年の春、学徒動員で高等科一年の末から動員されていた軍需工場からようやく逃れて、父親の実家のあった岐阜県の山村（後に「平成」の元号とおなじ字名のあることで知られるようになる村）へ疎開することができた。しかし新しく高等科二年（今の中学校二年）に編転入した学校では、山へ出かけて松根油（注、ガソリンの代用）のための松の古株を掘ったり、山地を開墾して サツマイモ畑にしたりする作業ばかりだった。そんな学校に慣れる間もなく五月に、元陸軍軍曹だったという担当教員から、「海軍特別年少兵」の受験を命じられた。試験に合格したものの、父親は重要工員ということで岐阜に出張したままで、誰に相談することもできない。秋の入隊通知を前にして、一〇代半ばで戦死する覚悟も定まらないで悶々とした夏を過ごしていたが、八月一五日の敗戦が、「戦死」の悪夢をようやく生きる希望に変えてくれた。しかしその「戦後」は、戦災で家財をすべて焼かれ、戦災で工場が破壊されて父親は失職した。農協の鍛冶部で仕事を始めた父を助けて、下に七人の弟妹の大家族を支えて無我夢中で働くなかで、ようやく五年遅れで夜間高校に学ぶ機会が開けた。そして戦争に反対された真下信一先生の名前に憧れて、自分の生きる哲学を求めて、名古屋大学に入学したのは大野さんのお宅に世話になる前年の一九五五年四月だった。

平和運動の高揚期と愛知県学連

ところがこの頃、日本の戦後の時代が大きく動き始めていたのである。私が大学を受験する勉強に追われていた前年の五四年三月、アメリカのビキニ環礁での水爆実験によって、第五福竜丸が被爆し、大量の汚染マグロが話題になっただけではなく、久保山愛吉さんが放射能の被曝によって死亡され、ヒロシマ・ナガサキに続いて三度目の被曝問題が起こっていた。また五五年一月には、米ソの冷戦のなかで世界が核戦争の準備に巻き込まれていることを批判した世界平和評議会の「ウィーン・アッピール」が出され、福竜丸事件をきっかけにした日本国内での平和運動は、「語るも涙、聞くも涙」

と評された第一回母親大会に続いて、広島での第一回原水爆禁止世界大会を開催するまでになった。この運動の全国的な盛り上がりのなかで、学内でも、教養部を中心にして第一回原水禁世界大会に代表を送る取り組みが始まった。

それに重なるようにして、石川県の内灘に米軍射撃場反対闘争、東京都の砂川に米軍基地拡張反対闘争が起こっていて、一九五五年三月に、愛知県にも日米安保条約によるアメリカからの要請によって小牧基地の拡張問題が起こっていた。村議会での反対決議を受けて、五五年の秋頃からは、愛知県内にもいろいろの動きが見られるようになり、五六年の春には、鶴舞公園の野外音楽堂前での革新団体と愛労評主催の小牧基地拡張反対愛知県民大会が開かれた。私もいつしか愛知県学連の活動家の一人として、そこの場にいあわせることになっていた。疎開して農作業や山林の作業を体験していた私には、農地を再び戦争のための基地にすることは、どうしても許すことができない思いがあった。愛知県学連は、県下の大学の主要大学の自治会代表者会議を開いて、学生生活と学問の自由、大学の民主主義を守る上からも、小牧基地拡張反対の方針を決め、現地の小牧基地拡張反対同盟を支援するために、革新政党と労働組合とで構成する反対支援団体協議会に参加することになった。その当時、県学連の諸集会に参加する学生は、常時一〇〇〇名を集め、学費値上げ反対のような時には、「全学スト」を打ったりして、二〇〇〇名を越す規模の動員能力を擁していたので、反対支援団体協議会では、議長が社会党、副議長には愛知労働組合評議会と並んで愛知県学連が選ばれ、県学連の副委員長である私がその副議長という大役を担うことになった。

大野さんとの出会い

協議会で、防衛庁や調達庁の関係部局や県庁、さらにはアメリカ領事館などへの抗議に行ったり、テレビ塔下で基地拡張反対の集会を開いたりするなかで、私は反対同盟の大野春吉さんとは顔見知りになっていた。五六年の夏休み前に開いた何処の集会でのことだったが、どこでのことだったかは今までは記憶にないが、そんな現地支援のある会場で、大野さんから、自宅の「離れ屋敷」を提供するので、息子さんの孝昭さんといっしょに住んでくれないか、というご相談を受けたのだった。大野さんは、「息子を大学の農学部で学ばせ、大学院まで行かせたいが、別に家庭教師のようなことをしなくてもいい。自分の必要な勉強をしっかりすることが日常的に大切であることを身近に見させるだけで十分だ」、と言われた。県学連の委員長の夏目巌君、書記長の雀部幸隆君（後の名古屋大学法学部教授）は、いずれも大学の同じドイツ語第一選択のクラス仲間であったので相談をしたのだが、それぞれに事情があるので無理ということであった。結局、支援団体協議会の副議長の私が、農業体験もあるし、体も丈夫だからということで、名古屋大学の嚶鳴寮を引き払って小牧の大野さん宅に、県学連の現地駐在という形で、御世話をいただくことになったのだった。

大野さんの家は、飛行場の滑走路の直下に近いところにあるので、棚の上に本を積んでおくと、飛行機の轟音で一週間もすればそれが落ちるほど。夜の訓練でもあると、とても寝られたものではないが、そこは若さ。一ヶ月も経つと、平気で寝ておれるようになった。名古屋空襲の体験では、とても寝ておれないのだから、それだけでもまだましだったのだが、空港の騒音公害のひどさは身に沁みてわかった。いっしょに住んでいる孝昭さんは、中学から高校進学の時期だったが、真面目にコツコツと勉強するタイプで、時々、英語や数学の助言をする程度で、着実に力を付けていって、私が名古屋へ帰って以降、岐大の農学部でお父さんの望みどおりの研究を積まれることになった。私は学生運動を続けながらも、留年することも無しに、必要な勉強をさせていただけた有り難い結果になった。

平和を考える農業専門家としての大野さん

秋の稲刈りや、春の田植えなどには、県学連として援農活動を企画したのだが、当時はもう農業体験をもつ学生もほとんどいなくて、私が僅かばかりのお手伝いをしたにとどまった。しかし大野さんは、自分の「大野会」という農事研究会を組織しておられて、その方々の支援があって、ご一緒になった。別稿で山田隆幸さんに調べていただけたように、大野さんには、近郊農業の新しい構想があって、その夢を息子の孝昭さんにも受け継いで欲しかったのだった。大野さんは、「わしはよう、良うし【養子】じゃなくて悪るしだでなも」と、その筋を通す生き方をよく冗談めかしておられたのだが、かつての近在切っての大地主の養家が、戦後農地解放で僅かな保有地を残すだけになったことに、かえって大野さんは、そこに農業の新しい展望を賭けようとされていたのだった。大野さんは、私にあるときしんみりと語られたことがあった。「私は、戦中に教え子たちにこの正義の戦争のために死ねと教えてきたのですわ。それでもう私は教壇には、どうしても立てないので、平和な農業でみんなと生きていきたいと思っているの。」

農民を組織して、農業に科学的な研究を生かして、それまでの苦役と貧困の農業に新しい可能性を開きたい。だからまたふたたび戦争のために土地を奪われることはけっしてできない。大野さんの家の小作だった人々には、必ずしもこの思いは伝わることはなかったのだが、大野さんの基地拡張反対の立場は、単純に祖先伝来の土地を金で売ることはできない、と云うだけのものではなく、新しい平和な日本の未来のためにこそ、土地を売ってはならないのだという確固として将来展望の上に立っていたのだった。

大野さんから学んだ人間の生き方

大野さんのこの生き方は、満十三歳の私に、海軍特別年少兵への志願を強制しておきながら、なんら戦争責任の反省もなしに、平然と戦後の新制中学の校長として生きながらえた私の田舎の高等科の担任とは、まるで違っていた。私は、ここにわたしにとっての素晴らしい人間の教師を発見できたのだった。こういう生き方のためにこそ、自分は真下先生のもとで、自分自身の人間としての生き方を大学で学ぼうとしていたのだった。そしてそれはまた私と共に、スクラムを組んで学ぼうとしていた友人たちにも共通する願いであったのだった。

私が小牧にいる間にも、当局の猛烈な行政圧力や札束攻勢を受けて、ついには反対同盟のなかからも脱落する人が出たり、当局側からの買収地へのブルドーザーの乗り入れ・強制収容も始まっても、最後までただ一人、農地を売らず、居宅を引き払うことも拒否し続ける大野さんには、身近にいても、どんな焦りも動揺も感じさせるところはなかった。「大野会」の人々や、小牧にいらっしゃる身内の方々の大野さんへの厚い信頼が、大野さんをしっかり支えていたのだった。こうして大野さんのお宅は、昔ながらの土地に、庭に生えているフクラ（福を招来すると地元では云われている）の大木二本とともに今も歴史を刻みながら残されている。

そして長男の孝昭さんが、新しい農業を創出する実験のために建てた大きな温室が屋敷に並んでおり、さらに障害者の福祉施設「すずかけ共同作業所・さらん」にも土地が提供されている。大野さんの遺志はこのようにご家族の皆さんの努力によって守られ、アメリカ軍の基地とは全く反対の形をとって、また私たち基地拡張反対同盟に連帯してたたかった反戦平和の運動の願いを生かしたものとして、いわばその象徴をここに見ることができるのである。

大学の四年になる頃、教育の反動化の一環としての勤務評定反対闘争を支援する県学連の活動が加わったが、「教え子を戦争におくるな」という国民教育の課題を持つ教育労働組合への権力的な破壊攻撃を大学に学ぶ学生としてたたかうことは、私にとっては、これはまた教育の責任をきびしく問う大野さんのたたかいに直接に連続するたたかいでもあった。こうして大野さんのお宅を離れた私は、何とか勤評闘争に駆け回りながらも、ぎりぎりで卒業論文を書き終え、四年間の大学学部の時代を終えた。

ところが大学院の開設が一年間後れたため、その間、愛知県保険医協会の事務局長を務めることになった。ちょうどこの年は、伊勢湾台風が名古屋を襲った年であった。その被害者救援活動のなかで、朝日訴訟」の運動にも取り組むことになり、人間として生きるうえで社会福祉の重要性を真剣に考えている民主主義的な医師集団があることを学んだ。その関係で日本福祉大学に教職を奉じることになり、教える立場の人間的責任をいっそう重く、また痛切に感じ続けることになった。

ファシズムの再来を許さない立場で

ところで今再び、人間が人間を殺し合う悲惨な戦争を根本的に否定し、平和と民主主義と社会福祉の立場に徹底して立つことを目指そうとする日本国憲法の破壊をめざす政治的な極反動の動きが着々と歩みを続けているように見える。私の学んだ哲学の分野でも、かつて「日独伊三国同盟」を肯定して、民主主義、自由主義、平和主義を否定し、ナチズムやファシズムと共に、「神国」日本の「国体の明徴」や「八紘一宇の精神」の立場にこそ、「日本の世界史的立場」が成立すると説いた「西田哲学」流の「日本文化」の立場が、またしても陰に陽に目立つようになっている。あらためて大野さんのお宅で、大野さんの生き方に身近に接して学んだことの重要さを思い返している今日この頃である。

戦時下に治安維持法の下で、自由を奪われながら辛うじて戦後の解放を迎えられた恩師真下先生の残された遺訓は、「ファッシズムと戦え、戸坂潤、三木清の死を忘れるな」だった。

(なお大野さんのことに関わっては、二〇〇〇年八月二六日(土)の夜、二七日(日)の昼、夜の計三回、名古屋西文化小劇場にて、愛知県民の手による平和を願う演劇の会第一七回公演として、「大空がないている」(なかとしお作、棟方薫演出)が上演されていることを付け加えておきたい。)

(2016・8・15　福田　静夫　記)

【福田氏略歴】
日本福祉大学名誉教授。1932年、岐阜県美濃加茂市生まれ。1965年名古屋大学大学院卒。卒業後、愛知大学教員を経て、1969年に日本福祉大学助教授、教授として哲学・福祉などの面で研究活動。2002年の定年後も、各地の講演依頼に応えている他に、「名古屋哲学セミナー」の常任講師は30年以上になり、専門の哲学の「ヘーゲルを読む会」では、14年目に入っている。

第五章　小牧基地拡張反対運動と教育

1　農業技術者・指導者としての大野春吉氏

田んぼは百姓の宝・基地拡張反対、平和をを守るという信義に生き、一人になっても立ち退きを拒否し続けた大野春吉氏を支えたものは何であったろうか。春吉氏の家に泊まり込み、支援活動に取り組んだ福田静夫氏や後を継いだ大野家の人たちから聞いたことをもとにまとめる。

教師として戦争に協力した責任

春吉氏は師範学校卒業後、旧制小牧中学校併設の小牧高等女学校の教師となった。併設のため男子中学生との関わりもあった。

兵士不足に困っていた軍は、男子中学生に目を付け、海軍兵学校に編入させようと小牧中学にノルマを課し、何人もの学生が特攻隊員となった。十五才の志願兵である。小牧高女の生徒も近隣の軍需工場に「女子挺身隊」として送り込まれた。こんな時代、食糧難を乗り切ろうと春吉氏は小麦の栽培とイースト菌の研究で「パン焼き名人」と生徒に慕われた。

パン作り　中央が春吉氏

敗戦後、愛知では軍国主義教育の旗を振ったかなりの教員が、巧みに戦後の民主教育の流れに乗り替え、素知らぬ顔をして教職にとどまったが、春吉氏は教師の戦争責任を重く受けとめ、教

学徒出陣生徒の壮行会
旧制小牧中学校

職を去った。

また農地解放で減ったとはいえ、旧地主の跡継ぎとして、大野家を守らなければならないという事情も大きかった。しかし専業農家に甘んずることなく、農業技術研究者・指導者として第2の人生をスタートさせた。

「祖先伝来の土地を守れ」という運動の限界を当初から覚悟？

表紙に使ったデモ行進の写真を見ると、戦闘的農民たちの先頭でなく、少し横を歩く春吉氏の姿。当時を回想し、ある人は「リーダーに推されたが、農民たちと何か距離があるような雰囲気であった」と述懐している。

右端、はちまき姿が春吉氏

多くの村民は、「外部」からの支援活動に抵抗感があった。それを何とかつなごうと春吉氏なりの努力を試みたが、充分に村民全体のものとはならなかった。

また県会や国会の委員会で証人に立った。その主張は、「土地取りあげに反対」だけではなく、北里地区の「村おこし」の方向性をを明確に語っている。地図とコンパスを使い、基地を拡張することによって分断されることになり、名古屋圏として発展する上での障害になると陳述した。また内陸部にある飛行場の条件の悪さを挙げ、沿岸部に海を埋めたてて、新たな飛行場を造るべきだと提起した。その後、知多の海を埋めたて中部セントレア空港が建設されたことを見ても、いかに先見の明があったかが分かる。成田空港が行き詰まり、羽田空港回帰の動きからもわかるであろう。

（このとき具体的に挙げたのは東京と大阪の中間地点としての四日市であった）。

国の執拗な懐柔政策にまず切り崩されてい

ったのは元小作であった人たちであり、最後には移転に反対し続けていた同盟員まで、翻意してしまった。しかし、そういう人を非難することなく、ひとり節を曲げず、立ち退きを拒否し続けた。役所関係者が訪問すると、帰った後で奥さんに、「塩をまいとけ！」という人であった。警官が辻に立って、出入りする人をチェックしているのを見つけると、「そんなとこでコソコソやってないで中に入ってよく見ていろ！」と若い警官を引っ張り込んだ。「公安警察」のように鍛えられていない若い巡査はとうとう「スミマセン。帰して下さい」と泣き出したという。

一方で、国家権力がキバをむいてきた時、それに最後まであがらい続けられる者がいないことを見通していた沈着さを持っていたのではないか。他の人はどうであれ、自分だけは「心の上に胃袋を置く」ような金の力に負けはしないという誇りがあった。旧地主という生活に困らないような経済的基盤もあったとはいえ、何よりも家族からの信頼、「大野会」の支えが大きかった。死しても村に殉ずるというような百姓一揆的な運動のリーダーではなかったが、「農に生きる」姿勢は、一貫して崩さなかった。

農業は「脳」業、近郊農業が、村の暮らしを豊かにする

小針部落が集団移転後、ただ一軒立ち退きを拒否した大野家は「村八分」的状況となった。しかし孤独ではなかった。田にはいつくばり、政府の助成金だのみの米作り中心でなく、都市近郊という地の利を生かした近郊農業経営を追求した。楽しい農業でなければならないとも考え、「農業は脳業」と考え、頭を使い、機械化された近郊農業を実践・研究した。

たとえば、トマトは連作を嫌う。しかし深く耕し、日光に当てることで可能なことを説いたり、茎を斜めにはわせることで収穫量を

トマト作りの大型温室

増やすこと教えたりした。二人の息子は身の丈ほどの深さまでも掘ったと言う。

さらに梨やブドウなど果樹だけでなく、ニュージランドからキウイを取り寄せ紹介した。単に栽培技術だけでなく、商品価値を高め、市場に出荷した。庭に手作りで石垣いちごの畑を作った。ビニルで覆い、ムシロをかぶせ、温度を上げる方法でいちごの促成栽培をした。採れたいちごは手製の木箱の中に収めて見栄えをよくし、商品価値を高めた。これは名古屋の市場で高値がついた。

機械化も考えた。岐阜大農学部に進み、後を継いだ長男・孝昭氏（故人）は温室内でユンボ（小型パワーショベル）を使えるような超大型、もちろん温度調節のための窓の開閉は電動）の温室を建て、トマト栽培に取り組んだ。今では栽培は水と化学肥料による水耕栽培が主流であるが、土にこだわり、トマト本来の味がすると好評であった。

キウイ栽培

農業技術講習会を愛知県下で開いた。この農業研究グループは「大野会」として岡崎や豊橋まで広がっていった。春吉氏宅の田植えなどの繁忙期には、立田村から応援に来てくれたりした。私のもう一人の叔父は、己新田地区は湿気の多い土壌であることに着目して、おいしい里芋の改良を研究した。さらに三〇年も前に温室を建て、誰もやっていないラン栽培に取り組んだりしていた。多くはなかったが北里にはこういう進取の芽も育っていたのである。共産党の村会議員が誕生したのもこの時期である。

やがて保守の政治家たちに裏切られた村民たちが、春吉氏に反対同盟のリーダーを頼むこととなった。それでも県下で農業指導に奔走していた。

ついに頼っていた社会党上層部までが条件運動に変わり、反対運動が挫折した後も、春吉氏は家も田畑も守り続け、家族と共に、基地の金網の中に残った畑を耕し続けた。今では考えられないが、基地内に畑のある大野家には専用の門があり、最初は開けっ放しであった。しかし、基地司令からの要請で施錠をするようにした。

（余談であるが、1994年（平成六年）、名古屋空港で着陸に失敗した中華航空機が墜落した時、春日井・小牧などの消防車が駆けつけても航空自衛隊管轄地であったため、入るのに手間取った。そのときすぐに大野家の門を開き、事故現場へ誘導したのは孝昭氏であった。地元では「消防車はゲートを突き破って突入した」と言われていたが今回の調査で、事実が明らかになった。）

春吉氏の工夫した新しい農業は、岡崎・豊橋・海部郡など全県下に「大野会」を通して広がった。ときには九州まで招かれ出かけた。別棟の屋敷には中学を卒業したばかりの農業後継者を住まわせ、新しい農業を教えた。こうして学校教育でなく、社会教育の場で研究者・教育者として念願を果たしたと言える。

しかし様々な組織・人間の裏面を見せられ、この後、すべての運動との接触を断ってしまった。晩年、茶畑買収問題が起き、運動の教訓を学びたいとわざわざ静岡から出向いてきた人たちがいたが、会うことはなかった。

春吉氏は、心労のためか長い間、胃潰瘍を患い、ひと月以上もお粥だけで過ごすということもあったという。病弱の身ではあったが、八四才まで農に生き、病没。

遺された土地を役に立てたい
引き継がれている春吉氏の想い

基地拡張を急いだためか、当面の拡張に必要な基地拡張対象地以外の農地や宅地跡の所有権は、村民に残された。現在は工場用地や大型倉庫、トラックターミナルなどに売られたり、借地となっている。

春吉氏は、村民の中にうまく立ち回ろうとする人、あるいは挫折感から気力を弱らせた人を見て、人間にとっては学問を身につけ、自分の信念に従った生き方のできる力を育てることの大切さを痛感した。子どもたちが、学校で、「アカの子、共産党の子」いじめられたり、教師の中にも差別的な目で見る人がいたという。支援活動に来ていた名大生・福田氏(文学部・哲学科)を自分の子どもの家庭教師に充てたのも、そういう苦労をしている子どもたちに、科学的なものの見方を身につけさせたい、誠実に生きるための学力を身につけさせたいという願いがあったのであろう。また戦争に流される過ちは繰り返さない、子どもたちにも、誇りを捨てなければいけないような生き方ははさせたくないと考えていた。

基地内に遺された土地は、長男孝昭氏の決断で、中華航空墜落事故後、安全のため基地外の土地と換地することになった。その条件はこれ以上の基地拡張を許さないためストップさせるため、国や市との交渉をを重ね、滑走路北側に公園(小牧・エアーフロントオアシス小牧)を造ることであった。

また別の土地は障がい者のための施設(社会法人すずかけ福祉会)に、孝明氏の奥さん正子さんから提供された。

滑走路の頭を抑えるように造られた公園
後ろにあるのが離着陸誘導レーダーのアンテナ

一時、断絶状態となった村民との関係も、今日では、孝昭氏(故人)も、次男も小針の発展を考え続ける姿勢が信頼を受け、区長を任されるようになっている。

(山田　記)

2 「北里教育百年の歩み」（抜粋）

小出　栄氏の労作

一九七三（昭和四八）年　発刊

北里中学二十五年記念誌として発刊された。愛知の小説家として著名であった芥川賞作家小谷剛氏に師事された小出栄氏の労作である。話をうかがったとき、「みなさんに読んでいただければ光栄ですので、自由にお使い下さい」と承諾を得ているので転載させていただく。

新しい北里の教育

……………給食の実施と防音工事（略）

安保条約の締結により、小牧基地にも米軍の職闘部隊が配属され、ジェット機が轟音をたてて離着陸するようになった。小牧基地に最も近い北里小中学校は、特にこの騒音の被害は著しく、授業を中断することおびただしい様であった。村当局ではこれを重視、折りからはじまっていた小牧飛行場拡張反対運動とタイアップして、村長、村議、ＰＴＡ役員、小中学校長が同道して、たびたび調達庁に陳情を行ない、木造全校舎防音工事の実施をとりつけた。

昭和三十年十二月三日、小中学校同時に調達庁補償による防音工事の起工式を行ない、翌三十一年三月には、防音二重窓に補強し、内装に吸音テックスを張った全工事が完了した。

特に小学校は、昔の旧校舎が見ちがえるほどに改装されて、連日のジェット機の騒音の苦悩からいくらか解放されたが、当時の施設では、換気装置が不備で、夏などは二重に窓を閉めたら、室内の空気が蒸れるように汚れ、まともに授業は出米なかった。（注、換気装置設置場所の内装はアスベストであったが、装置に欠陥があり、ほとんど使用されなかったことは幸いであった。）

ところが防音工事と並行して、北里村の歴

史に残る一大事が起ってきたのである。小牧基地拡張と、小針、市之久田地区の移転、農地買収問題である。

飛行場拡張反対運動起る

戦後の小牧基地は、プロペラ機からジェット機へと航空革命があり、そのスピードアップから、旧日本軍使用の滑走路は役立たなくなった。新しい滑走路の建設を大山川を暗渠にして、北里地区まで延長したいと米軍が要求してきたのである。

昭和三十年三月、春まだ浅い陽ざしが、植木畑の梅の芽をくすぐる朝、名古屋調達局・田中局長と石田不動産部長から、その連絡は不吉な鳥のように、北里村へ飛び込んできたのである。

「小牧基地拡張のために、小針、市之久田地区の農地及び民家移転について配慮願いたい……云々」の主旨の通達である。戦後の苦しい時期を父祖の残してくれた田畑にしがみついて、生きぬいて来た農民たちにとっては、命につぐ大事な農地である。しかも大山川以北の最も肥沃な美田三十町歩を、国家のために提供せよと、寝耳に水に言われて、納得できる筈がなかった。村を挙げての大騒動になった。

「私は、当時、合理的施肥の研究講演で、全国遊説の旅をしていました。遅くなって久しぶりに家へ帰ると、部落の代表の人々が白装束で訪ねてきました。『大野さん、これこれこうこうで、飛行場が拡張され、わしらの田圃ががかってしまうのだが、村中絶対反対の決議をしました。あんたは先生までした人だで、どうか、わしらの反対運動の先頭に立って働いてもらいたい、どうかお願いします……』勿論、私の家にも、この問題でかかる土地が沢山ありました。農民にとって農地がどれほど大切なものであるかも、判りすぎるほど判っていました。悲壮な百姓たちの顔を見ると、同じ百姓である私にも、みんなの気持がじーんときました。私は、農民たちを救うために、断固、反対運動をする決意をその時したのです。・・・・・・」

当時、小牧飛行場拡張反対対策委員会の副委員長として、八面六臂の活躍をした大野春吉氏は、反対運動の導火線をこう述懐される。尾張発祥の地といわれる由緒ある小針村の存亡にかかわる一大事である。農業しか知らない農民にとっては、いかな補償条件を打ち出されても死活問題としか考えられない。先祖伝来の可愛がって来た農地に対する愛着もある。ただちに小針地区関係農家六十余戸と、市之久田地区の四十余戸は、寄合いを開いて、小牧飛行場拡張反対北里村対策委員会が組織された。船橋鏡治村長を委員長に、舟橋久男氏と大野春吉氏が副委員長、村会議員を委員として、隣りの小牧市南外山地区も拡張に関係があったので、小牧市とも協力していくことになった。

部落の各所に「小牧基地拡張反対」のムシロ旗が立てられた。むしろ織りは地元の副業の一つでお手のものだった。農民たちは、競って長い長いムシロを織り、口に水をふくんでぷーっとむしろに吹きかけた。そしてその上を子どもの習字墨でなぞって、往時の農民一揆のように「〇〇反対」の文字を丁寧に書きあげた。

ムシロ旗は、先祖の眠る墓地にも立てられた。飛行場の北側にある墓地は、拡張が実行されれば滑走路のコンクリートの下に埋められてしまう運命にあるのだ。涙ながらに水をたむけ、花を供えて「爺いさまも、婆さまもよう聞いとくれ、お前さまらが残してくれた田圃を、飛行場がとろうとしとるで……守ってくれよなあ」と、報告しつつ祈るのであった。

村では、毎夜のごとく妙遠寺（小針）養光寺（市之久田）に集まって、反対運動の協議や陳情報告の寄合が開かれた。来る日も来る目も重苦しい空気が村の上空に澱んだ。

村民の動きを知った東京の調達庁の福島長官が、自ら反対農民説得のために北里村へ乗り込んできた。

北里小学校講堂で行なわれた説明会には、老いも若きもつめかけた。席上で村人たちは、掌を合わせて、長官に「農民が土地をとられては生きていけない」旨を切々と訴えた。長官に「頼みます！、頼みます！」と泣き出して拝む老婆もあった。いくら多額の補償金を積むからと約束されても、今さら農業以外への転業は不安がつきまとうのだった。

村民たちは、この地を開拓したといわれる

氏神の尾張神社にこもって、村の危急存亡を救いたまえと祈り、反対運動の必勝祈願を訴えた。

婦人行動隊は、名古屋をはじめ、岐阜県、三重県方面まで出かけて、街頭に立って反対運動協賛の署名を集めて歩いた。男の代表者たちは、県庁に押しかけ、桑原知事に依頼した。婦人たちの集めてくれた署名と陳情書をたずさえ、再三、再四、東京へも直訴の旅に出た。鳩山総理大臣、船田防衛庁長官をはじめ、調達庁、衆院、参院の内閣委員会、外務委員会へも出て、地元代表の大野春吉氏は、理路整然と農民の苦衷を述べ、地元の意向を伝えて陳情を重ねた。

政府としても、米軍の至上命令であり、農民との板ばさみで苦悩の色が増した。戦時中、小牧飛行場建設の時のように、農民に有無をいわせず、国家の大義で土地を取りあげ、村を退去させることは出来ない民主主義の時代であった。

しまいには、鳩山首相は、自分の胸中を打ちあけ泣き出されたという。それでも代表は自分だけの意思で「よろしい！」の断を下すわけにはいかなかった。村では年寄りたちが、いつも留守を守りながら、話し合いの成功と、事故なく帰省できるように神仏に参りながら待っているのである。

村民たちは反対闘争に当って、次のことを確認し合って運動を展開した。

●政治的な色彩の闘争には捲き込まれない、農民の純朴な立場で農地を死守する。
●暴力闘争は絶対しない。血を流さない反対運動であること。

けれども結局は農民たちの敗北だった。歴史をふりかえっても、農民の一揆は挫折してしまうものが多い。紆余曲折の中で、農民たちの団結は崩されていった。農民たちは余りにも純心である。特にもろく正直である。誰がこのように背後からつつき、内紛を起す原因を作ったか、判らぬまま妥協し始めてしまった。指導者が声を大きくして「今、一息だ！　踏みとどまれ！」と叫んでも、崩れかけたなだれはもう止まらないのである。

ここに、その時の反対運動のことを書いた、中学生のレポートがある。

【北里レポ】

基地が私の村に伸びてきた

（小針・男68歳談から）

北里村の大きな出来事に、飛行場の拡張反対運動と、村の集団移転があります。今の飛行場が大山川の上を越えて、小針や市之久田地区まで滑走路を延長することになったのです。昭和三十一年三月二十七日、政府から通告があり、小針も市之久田も大騒動になりました。小針は全員が反対で一年間、反対署名運動が繰り広げられ、名古屋をはじめ、岡崎、岐阜、三重県まで行き、五万に近い署名をもらったとか。

そして代表の人々は、防術庁に陳悄に行ったそうです。東京には、なんと十二回も行き、当時の鳩山総理大臣に会い、「土地をとられることは、農民に死ねということと同じです。年寄りが心配の余り病気で寝込んでしまいました。ぜひやめてほしい……」と、泣いて頼んだそうです。十二回目の陳情の時、根本官房長官からの言葉は、

「小牧飛行場の拡張は、日米安全保障条約のため、アメリカの政府と約束した拡張であるから、どうあっても拡張させていただきたい……」でした。部落代表の人たちは、「私達も日本国に住むかぎり、政府と政府の約束ならば、この際、協力しましょう。しかし、私たちの要望を聞き入れて欲しい」と伝えたら、長官は「貴方がたの要望は法律を曲げてでも、応えましょう」という返事があったので、代表は部落へ戻り、それからは条件闘争に移りました。部落民一同は妙遠寺に集まり、討論をかわし相談しあいました。基地反対の革新団体、労働組合の支援などもありましたが、なるべく部落民の意思を中心に結論を出し、昭和三十二年四月、集団移転の調印をしました。条件としては、北里村の道路および簡易水道など全部国家の補償でやっていただくことになったそうです。

小針は今の位置より北へ移転しました。しかし、代表だった大野春吉さんは、家屋敷は祖先の地、ここを動きたくないと言って、みんなが補償をもらって移転しても最後まで頑

張り、由緒ある大野松蔵氏の屋敷を守って、今も滑走路の先に、昔のままで残ってみえます。　（小針・大野由美子、薫・記）

市之久田地区の人々は、小針より早く調印をし、昭和三十三年に移転を大体終了、前の位置より東方へ移り、村の東はずれにあった氏神社が、今度は西はずれになってしまった。十軒ほど部落を離れていった人もあった。市之久田の調印で小針地区も転向組が出はじめ、闘争は終局へ急激に向いはじめた。最後まで反対の意志を持った人々も少なからずあったが、こうなると村の大勢に逆らうことは、村八分につながる恐れがでてきた。農民の性の哀しさであった。一年余の闘争の疲労もどおっと全身にかかってきた。反対のむしろ旗も風雨にあせ、倒れていても、もう誰も起す気力もなくなっていた。村人たちは印を押した手で鍬を持ち、先祖の墓地の発掘をはじめた。我家より、父祖の骨を先ず移転しよう、せめてもの律儀さを示して先祖に詫びる気持であった。

大野春吉氏は、唯一人、献穀田の栄誉を受け、村のために尽してきた義父、大野松蔵の旧屋敷の縁側に坐って目を閉じた。

ー私は、信念に従って生きたのだ。清廉潔白に筋を通してきた。これでいい、きっと判ってもらえる日がくる。義父も草葉の陰で、よくやったと喜んでいるだろうー。

そこには敗北感はなかった。全身全霊を込めて運動をしてきた満足感があった。真南からジェット機の轟音が吹きつけてきた。秋の空は遠くまで澄んでいた。

小針地区の集団移転は、昭和三十三年秋から、昭和三十四年六月にかけて完了したのである。

（小出　栄　記）

今も旧妙遠寺敷地に
立つ松蔵氏の像

3　平和教育と小牧基地

①文集「きたさと」一、二号の発行

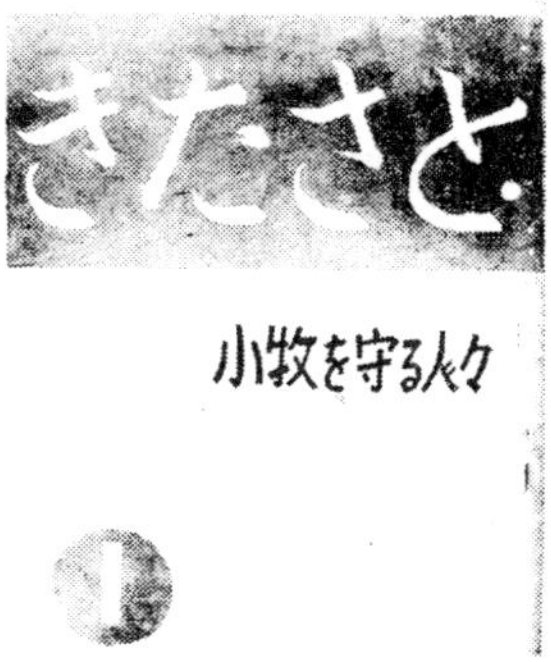

田中氏の記録でもふれられているが、運動支援者から「基地があって困ったことありませんか」と尋ねられても、北里の教員は顔をこわばらせて「ありません」と騒音被害すらも認めようとしない状況であった。基地拡張反対運動が広がる中、村の父母や子どもたちの作文、それに全国で基地拡張反対の運動を進めているひとからの連帯の手紙を載せた文集が発行された。学校外で作られ、読まれていた。発行者は長谷川忠男村議、謄写印刷は、レッドパージを受けた弟が手伝った。その一部を紹介する。

この文集が何部発行され、どの様に配布されたのか、どの様に活用されたのか不明である。

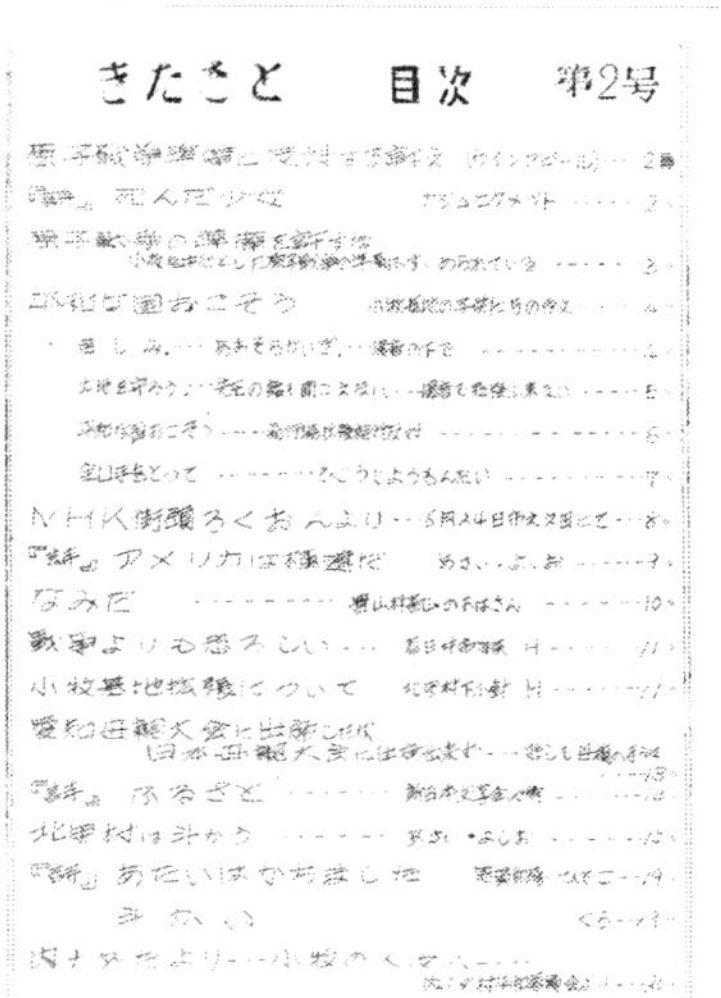
きたさと　目次　第2号

NHK街頭ろくおんより

なみだ

戦争よりも恐ろしい

小牧基地拡張について

なお十五年後に「北里教育百年の歩み」を書かれた小出氏はこれを入手し、利用している。

第二号の内容は多彩で、村民・子どもの文、NHKの街頭録音(今でいうインタビュー)の記録もある。

小牧基地周辺の皆様へ

妙義基地反対恩賀同志会一同

1955年5月19日

1955年5月19日

この手紙一通しか書けませんが皆さんに見せて下さい。社会党、共産党の人達にも。では健斗を期待します。

二年間、労働者と農民が団結して永宮基地反対をたたかいぬいた、妙義から小牧基地周辺の皆さんにと激励の手紙が小牧基地拡張反対運動をつゞけている、北里村長谷川恵男（村議）氏宅に五月二十日よせられました。

私達はこの手紙を囲んで皆でよむうち、あまりにも[illegible]敵のやり方が妙義とにているのにおどろきました。悪書部落の人達が最後まで団結し、苦しい血のにじむようなたたかい……共に基地反対でたたかう私達の目がしらがあつくなってきました。

今私達は鋤工を死守し、先祖伝来、血と汗できずきあげて来た土地……合一升、土一升の土地は絶対に手放さないと誓いをたて、頑張っている農民の方に、労働者を始めとする平和を愛する全県の小牧を原子戦争の基地にするなの運動を労働者と農民の固い団結によって勝利するために送ります

[redacted]

街頭

土地を守ろう

小学六年 H君

学校でもぼく達爆音がよくきこえどのくらいやかましいか飛行機がくる。今、村ではいっしょうけんめいまりあいをして、小牧の飛行場のことで毎日苦労して、一晩中ねなかった時もあった。このあいだ街頭会議があって、ラジオでも放送した。森の方の家ばかかってぜったい反対とむしろ旗をたててあるでんしん柱にも反対のはりがみがはってある。この町議会の加藤さんという人たちが小針をまもって「みんな力を合せてこの土地をまもろう」といっしょうけんめいに、おうえんにくる。小針中で一ばんひどいのはYさんの家は畑も家もとられてしまうので、毎日なみだを流して生活しているのでたいへんかわいそうだ。これからもがんばって土地を守ろう。

先生のお話も聞こえない

小学四年 I君

ぼくは、学校へ、いってそのこうきがとぶとやかましくて先生のおはなしもきこえない。てんきよみも、とても出来ない。ひこうきがとぶとき先生いつもはなしをとまってしまいなさいます。

爆音で勉強できない

小学六年 Y君

ぼくの家は、飛行場のすぐそばに家があります。ぼくの家ばかりでなく、友だちの家もです。そのばくおんどこの家もひどいです。学校でべ

＊どの様に配布され、使われたのか 今回の調査では不明である。

②反対運動支援写真集の発行

長谷川忠男村議は、さらに活動資金カンパとして、現地写真ルポ第1集、二集を出した。地元だけでなく、基地反対闘争に取り組む各地の人たちに届けられたであろう。

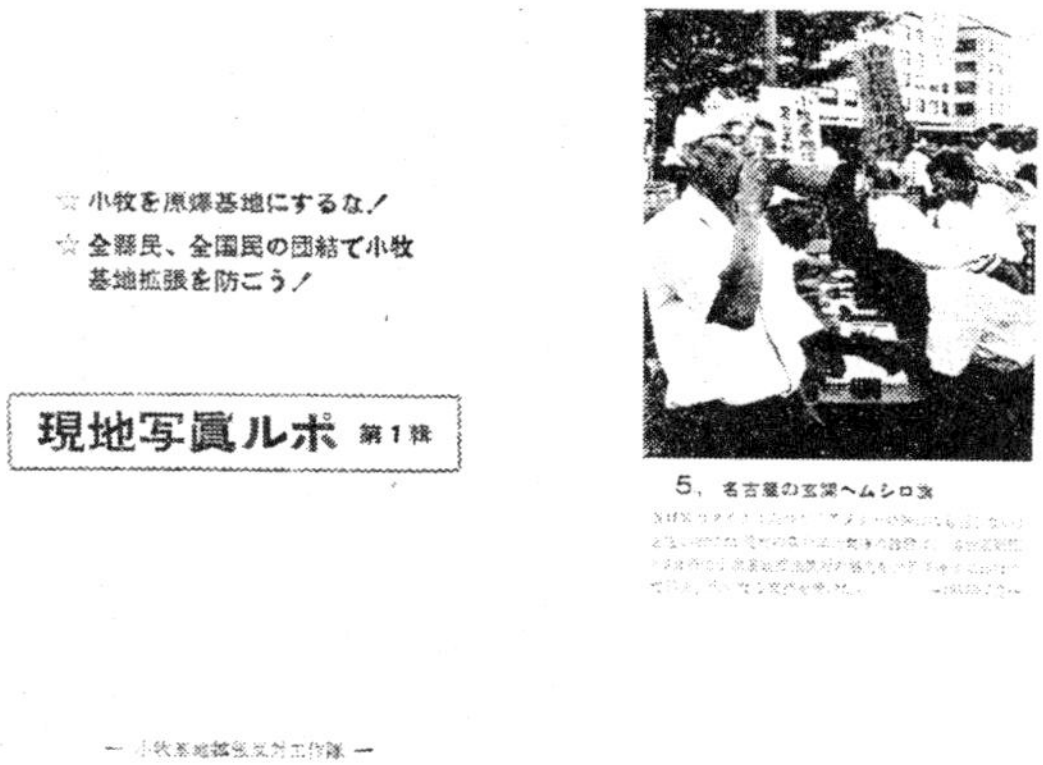

③総合学習

「小牧牧基地と私たちのくらし」

小牧市立北里小学校五年三組の調べ学習

指導・山田　隆幸

実生活と教育の結合を原則に
―地域を教材に―

「あのころの私らの思いは、いまの先生や子どもにはわかってもらえんじゃろ」高度経済成長下、社会の急速な変貌で地域の歴史、そこでの住民の願いや悲しみが消されてゆく。それを掘りおこし、子どもたちに地域に生きるということを考えさせる教育を考えていた。

「教科の授業」よりも生活科・綜合学習的な学びに惹かれ、村山俊太郎らの展開した生活綴り方運動・「調べる綴り方」を学んでいた。当時の日本作文の会は誤った方針を持っていたこともあり、日本生活教育連盟に腰を据え、「生活に根ざした教育」、「地域の教材化・調べ学習」に重点を置いていた。。

「学び」は「教え」より、はるかに豊か

五年生を担任。一学期以来、日本の農業・

漁業などの現状と問題点についてグループで調べ、子どもの手づくり教科書で学ぶ方式で学習をすすめていた。それを土台に公害についての学習を進めようと考えていた。当時、全国的な公害反対運動の進展が、文部省も公害教育の重要さを認めざるをえない状況であった。各社の教科書でも単元として、五年生の終わりに、公害・自然保護などを扱うようになってきた。このころ民主的な教科書つくりをという声が強まり、学校図書株式会社が手がけた。丸木政臣先生や若狭庫之介先生など日本生活教育連盟のメンバー、黒羽清隆先生、山本典人先生といった歴史教育者協議会の研究者・実践家が編集に当たった。愛知からは山田正敏先生が加わっていた。その関係で、私は四日市公害の素原稿を担当した。現地調査で、公害教育を推進していたのは三重県教職員組合三泗支部であった。猛烈な「アカ」攻撃に遇いながらがんばっている姿に胸を揺さぶられた。

この教科書は内容が内容だけに、検定は通ったものの、採択地区が少なく挫折に終わった。しかしこの教科書つくりに参加できたことは、水俣病のたたかいと実践の話を熊本の田中祐一先生から聞いたときの衝撃とともに、「教育はたたかいである」ことを実感させられ、教師としての背骨をしゃんとしてくれた。

教材化の困難
―封じ込められていた基地反対運動の記憶―

当初は平和学習というよりは騒音公害と基地問題を位置づけていた。子どもたちが調べてみたいと挙げたのは、①校区の下水処理建設計画と住民の反対運動②小牧基地と私たちのくらし③新幹線公害訴訟④小牧山自然保護の運動⑤食品公害⑥四日市公害反対運動の六つだった。

北里地区の大問題は基地があることによる生活上の困難である。しかし多くの子どもたちはそのことが日常的?になってしまっており、意識していない。今まではグループに分かれてそれぞれのテーマで調べ学習を進めることが多かったが今回ばかりは教師主導で、小牧基地問題に絞った。教材研究を進めるうちに、これは公害教育ではなく、平和の問題とやっと気づいた。

昭和三十年代前半のこの小牧基地拡張反対運動は、砂川・内灘とともに歴史的な反基地闘争であった。全村あげての運動にもかかわらず、見通しの持てないたたかいの疲れと日米両政府の懐柔策(補償金、二重防音設備と全戸クーラー設置、上下水道整備など)に意見が分かれ、一軒、二軒と切り崩されていった。最後には刀折れ矢尽きるという条件闘争で終末をむかえたが、それだけにとどまらず、初期に同意した家と最後までがんばった家との間に深いしこりを残した。沖縄の基地闘争は「オール沖縄」という成果を生み出し、誰もが知っているが、小牧基地拡張反対運動については、民主的な運動に関わっている人でもこのような運動のあったことを知らない。

ずいぶん以前のことであり、小牧基地拡張反対運動の調べ学習に反発が来るとは予想していなかった。ところが保守系の地域ボスが「クビにしてやる」と言っているとか「先生は、知らんかもしれないけど、この問題は意見が割れて大変だったから……」と父母からの善意の忠告がきた。しかし深く気にもとめないで子どもたちと調べ続けていたが、その後、思いがけない結末を迎えることとなった(後述)。

日教組制度検討委員会(当時)の「総合学習」の提起で明確に

前任校で、地域の自然・労働・生活の歴史を子どもたちとともに調べ「篠岡物語」という紙芝居にまとめるなど「調べ学習」のイメージは持っていた。総合学習としての位置づけが、日教組の中央教育課程検討委員会で整理されこのことが今回の実践をすすめるうえで大きな力となった。

①自分たちの目や耳や足を使って地域を見なおす。
②歴史的な視点で地域を見なおす。
③父母、祖父母などの生活を通して地域を見なおす。
④こうした地域とのかかわりで、自分の生活を見なおす。

今回は五年生ということで、
⑤さまざまな書物・広報・新聞・統計資料を使って地域を見なおす。をつけ加えた。

学習方法として、

①実際に地域の様子を見てまわる。
②父母、祖父母などからの聞きとり調査をする。
③書物、新聞、市の広報などを集める。
④調べたことをもとに綴ったり、グラフにしたり、絵であらわしたりしてレポートにまとめる。ー手づくりの教科書ー
⑤レポートをもとに紙芝居にする。
と、目的・方法をとりあえずまとめた。

地域を教材化したくても、なかなか文献が見つからない。今でこそインターネットという手もあるが、当時は無かった。今でも「小牧基地拡張反対運動」で検索してもヒットしない。幸いにも隣の中学創立二五周年の記念誌に記述があったが、子どもが生活実感を通してつかむには、家族・地域の人への聞き取りが不可欠である。調べるにあたっては、子どもたちに豆研究者として活躍させたい。実際に基地へ出かけ、家族に聞いたりした。子ども・親・地域の人、そして教師の共同研究の成果が、この紙芝居である。

見て、聞いて、まとめあげた紙芝居
『小牧基地と私たちのくらし』

北里小学校　五年三組

①学校の様子

北里小学校は、名古屋から北へ車で約二十分、小牧市の西にあります。校章にたわわに実った稲穂がえがかれているように弥生時代の昔から、人びとが住みつき農業で生活をしていました。『尾張』というのは『小針』という字名から出たと言われ、記念碑が建っています。戦後も、里芋の名産地として全国的に有名で、子どもの背よりも大きく育った立派な葉がつらなる畑がつづいていました。

②調べ学習開始

今では名古屋のベッドタウン。内陸工業都市に、さらに東名・名神・中央の三つの高速道路が結びつく小牧インターチェンジの近くということから、トラックターミナルや倉庫が立ちならび、かつての豊かな耕地が変身しています。

このような変身の第一歩は小牧基地の建設でした。私たちは、おじいさんやおとうさん、おかあさんなどから話を聞いたり、いろんな本を見たりして、この小牧基地について調べてみました。

③名古屋空襲と基地建設

昭和十七年四月、名古屋に初めて空しゅうがありました。のどかなよく晴れた土曜日の午後だったといいます。学校に残っていた生徒たちが、名古屋の方を見ると、もうもうと黒い煙が立ちのぼっていたそうです。あわてた日本軍は、ゼロ戦を作っていた三菱の工場をはじめたくさんの軍需工場のある名古屋を守るため、小牧飛行場の建設を急ぎました。

ひどい食べ物不足で大事なはずの田畑が、戦争に勝つためということで取りあげられ、農家の人びとはとても悲しんだと、おじいさんは話してくれました。

今のようにブルドーザーやダンプカーもないため工事はなかなかはかどりませんでした。とうとう小学生までひっぱりだされました。そのころの小学生の作文です。

「四年生以上の子が、飛行場の石ひろいに参加しました。『日本がアメリカに勝つためには、一日も早く建設せねばならん』と先生がおっしゃいました。飛行場はまだ荒地のようで、石ころがごろごろしていました。飛行機がつまずいて引っくり返ってしまうのです。運動会のように大きな輪になって、ひろった石をまん中へ投げて集めるのです。いくつも大きな石の山ができました。しまいには指の先から血を出して泣く子もいました。でも、私たちはがんばらなくてはなりません。頭の上をとんぼがのん気そうに飛んでいるのがしゃくにさわってたまりませんでした」

昭和十九年二月、完成しました。

④敗戦で米軍基地に

昭和二十年八月、日本は敗れました。それとともに、小牧基地はアメリカ軍が使用することになりました。たくさんのアメリカの飛行機がならび、基地のまわりに、たくさんアメリカ兵が住むようになりました。

昭和二十五年、朝鮮で戦争が引き起こされると小牧基地から朝鮮に向け戦闘機がとびたちました。輸送機は武器・弾薬を運びつづけました。

⑥突然の基地拡張・土地取り上げ通告

この朝鮮戦争の中心はジェット機でした。プロペラ機のスピードでは追いつけないのです。しかし、ジェット機には長い滑走路が必要です。

小牧基地などの拡張が、アメリカから日本の政府へ通告されました。日本の政府は、地元の反対が強いからということでことわりました。

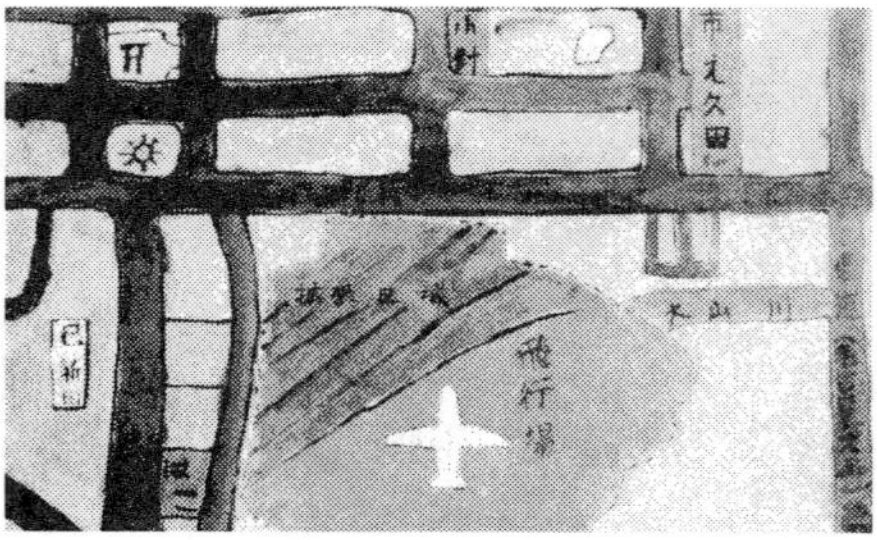

しかし、昭和三十年、アメリカの政府の強い要求に、ついに日本の政府は、拡張計画を発表しました。滑走路の延長のため、九十二万平方メートルの土地をつぶすというのです。さらに小針・市之久田部落の四十戸は引っ越さなければなりません。そのほか、春日井市、

西春日井郡楠村・豊山村にも大きな影響を与えます。

⑦基地拡張反対運動起きる

昭和十七年の日本軍による土地とりあげにつづくこの計画に、北里村は大変なさわぎとなりました。みんな大反対でしたが、そのおもな理由は、

①祖先から受けついできた田畑を、これ以上へらしては申しわけがたたない。

②農業しか知らないのに、農地を取られては生活できない。

③永年住みなれた土地・家を離れることはできない。

④朝鮮戦争のようにアメリカの基地となっていると外国から水爆攻撃を受ける心配がある。

などでした。

村では毎日のように集会が持たれ、国や県へ代表団が送られました。東京へは十二回も出かけました。村じゅうに特産品のムシロにスミで「基地拡張絶対反対」と書いたムシロ旗がうちたてられました。

生まれて初めて名古屋で反対のための署名を集めたり、集会をひらいたりもしました。村に残った年よりは神社に集まっておいのりをしたり、いざとなったら

ブルドーザーの前へすわりこもうと話しあったりしていました。先祖の眠る墓地も滑走路の下じきになるということで、「わしらもがんばるで、じっさまもばあさまも飛行場に土地をとられんように助けてくだされ」といのる人もいました。

子どもたちは「さかさテルテルボウズ」を作りました。雨がふると飛行機があまりとばないから、「雨、雨、ふれ、ふれ」とさかさにつるしたのです。

このころの村の様子を六年生の子は次のように書いています。

「学校へよく爆音調査がくる。ものすごくやかましいが、もうすぐ防音設備できるというのでうれしがっていた。しかし、ちっともやってくれない。ぼくたちが、先生の説明が

聞こえないので困っていると、次の日、青空会議があるので、聞きに行きました。ただし君とこのおじいさんが泣きながらマイクの前でしゃべっていました……」

国や県は、道路をほそうするからとか、水道を引くからとか学校は防音校舎にするからとか、いろいろなことを言って、反対運動をやめさせようとしました。

⑧はげしい切りくずし

しかしながら、いろんな事情からまず、楠村が賛成してしまう、豊山村も賛成する。春日井市も賛成してしまう、こういうなかでも北里の人びとは三年の問、がんばり続けました。しかし、次第に人びとはつかれ、もう仕方がないと考える人も出てきました。

昭和三十三年、とうとう住みなれた土地を離れ、集団移転をすることになりました。そのころの様子を美鈴きんのおばあさんに教えてもらいました。

「引っ越しは二月ごろから、ぼつぼつ始まりました。今思っただけでも大変なことでした。家はもちろん、屋敷の木々まで移したのです。毎日毎日、朝早くから夜おそくまで家じゅうで働きました。そのころは、まだ家には車の無いころだったので、リヤカーで、一日何十回も運び、まるでアリの行列でした。五月が近づくと、田や畑の仕事もいそがしくなり、次から次へと追いまくられました。ちょどそのころは、お兄ちゃんがおなかの中にいるころで、お母さんは大変でした。ひっこしは、八月ころにやっと終わり、お兄ちゃんは九月に生まれました」

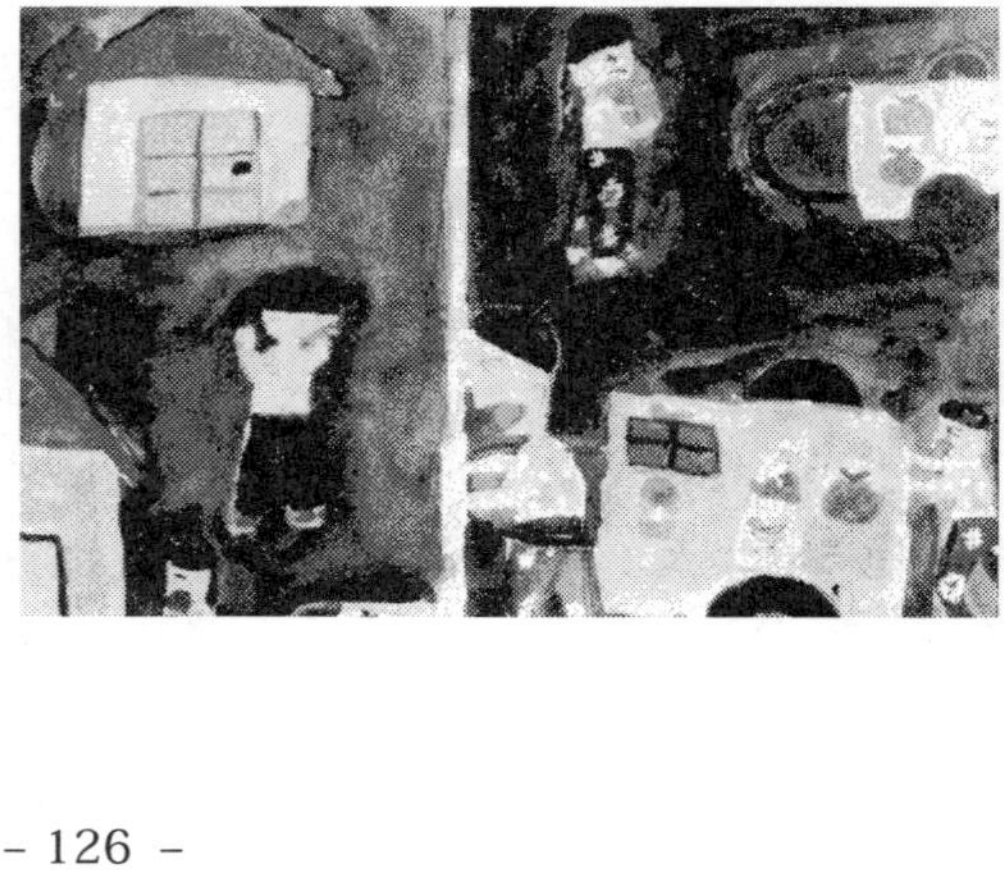

けれども、ただひとり、反対運動のリーダーであった大野さんは、祖先の地を動きたくない、自分の考えを守りぬくということで、今でも、昔のままの家屋敷を守り、延長された滑走路のすぐ北に、小牧基地を見張ってい

るように残っておられます。

⑨防音工事は行われたが

小牧基地の私たちへの影響の第一は騒音公害です。

ジェット機の騒音は百二十ホーンもあります。住宅地の騒音規制は四十ホーンくらいですから大変です。

校舎は二重窓や防音の壁にしてあります。しかし、閉めきってしまうと、頭はポーとしてくるし、送風機をまわしても夏はやはり暑いし、冬はまわせないので、あまり効果はありません。

ほとんどの家のひとが、やかましくて頭が痛くなるとか、電話が聞こえない、赤ちゃんは眠れないために病気になる、大好きなテレビも画面が流れて見えないとか言っています。

⑩墜落事故

騒音よりもっとこわいのは墜落事故です。戦闘機というのは、安全性よりも、スピードと、いかにたくさんの武器をつけるかということが中心になっているそうです。

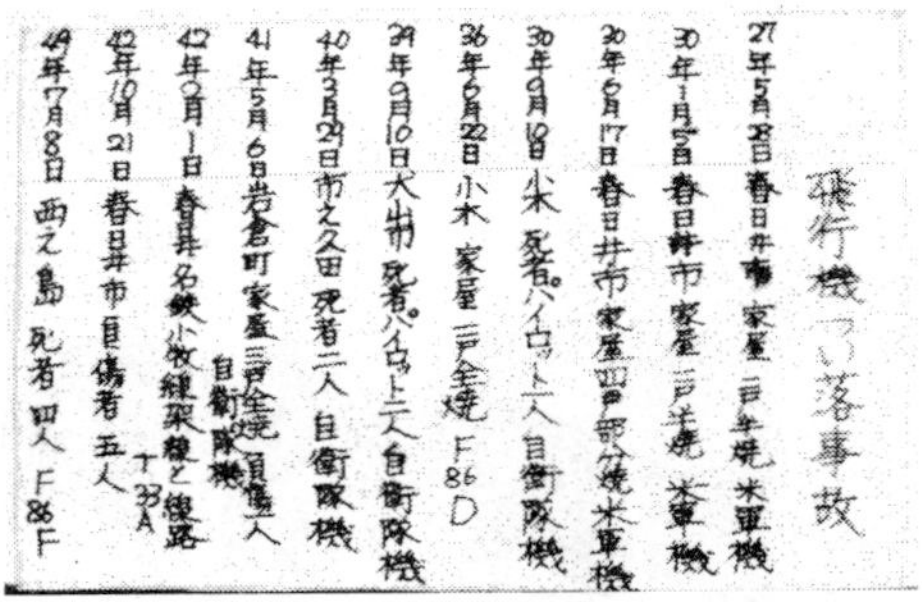

飛行機つい落事故
27年5月28日春日井市 家屋一戸半焼 米軍機
30年1月5日春日井市 家屋一戸半焼 米軍機
30年6月17日春日井市 家屋四戸部分焼 米軍機
30年9月18日 犬山 死者。パイロット一人 自衛隊機
36年6月22日 小木 家屋一戸全焼 F86D
39年9月10日犬山市 死者パイロット一人 自衛隊機
40年3月29日市之久田 死者二人 自衛隊機
41年5月6日岩倉町家屋三戸全焼 負傷一人 自衛隊機
42年9月1日春日井名鉄小牧線架線と線路 T33A
42年10月21日春日井市 負傷者 五人
49年7月8日 西之島 死者 四人 F86F

今までに大きな事故は十一回もあり、死んだ人は十一人、けがをした人は二十八人もいます。北里でも、ジェット戦闘機が田んぼに落ちて、農作業をしていたおじいさんがなくなっています。また、墜落しなかったものの、故障のため基地に引き返したということは数多くあるそうです。

⑫調べ終わって考えたこと

私たちは、小牧基地について調べるまでは、ジェット機が通るたびに、うるさいなあと思ったりはしましたが、あまり深く考えてみることはありませんでした。校舎に防音設備のしてあることにも気がつかないくらいでした。ましてこの北里に小牧基地反対の運動があったなんてまったく知りませんでした。

ほかの村が賛成しても北里の人はがんばり続けたし、今でもひとりだけにしろ、がんばっている人がいることを知って、すごいなあと思いました。

＊原画はカラー。紙数の関係で、場面をカットしたり、三分の一ほど画を減らしたり、しています。

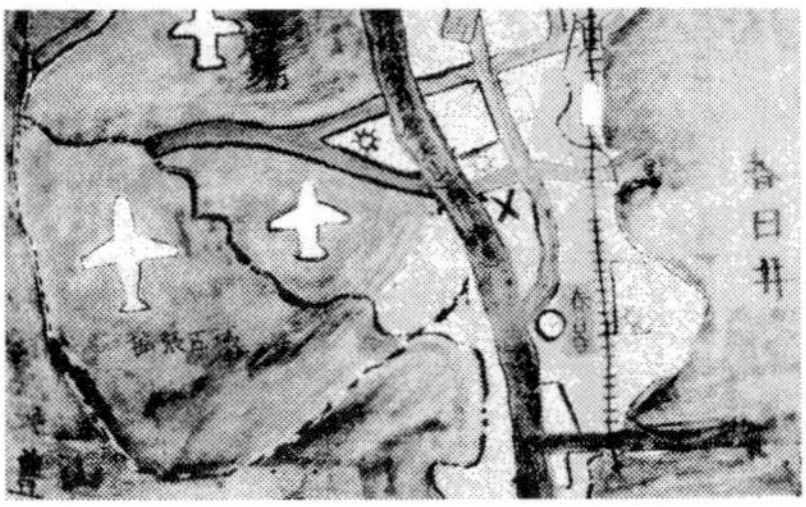

子どもたちが学び、考えたこと

土地を奪われ、立ち退きを迫られた村民(家族)への共感を土台に

土地を取られる農民の嘆きを、貴代は、「戦争中に自分の田畑をとりあげられてこまったのにまた取り上げられても、文句の言えない農民がとてもかわいそう。国や県の施設を作

るためなら、むりやりにでも土地を取りあげてもいいなんて（注、土地収用法のこと）、土地をとられたひとは小牧基地をうらめしく見ていたにちがいない……」と書いた．

「かわいそう」というとらえ方は傍観者的とも言えるが、村民への共感がやはり大事である。

反対運動を抜けたひとへの批判は正論か

誠のように「ぼくなら、どんなことをしても絶対に反対する。……せっかく耕してきた田畑を取りあげてもいい法律があるなんて、こんなムチャなことがあるか！……国もいいかげんなもんだ。もっと市民のことを考えろ！」と怒りをぶつける直線的意見をつい教師はひいきしてしまう。

北里村は春吉さん以外、条件をのんで移転に同意してしまった。このことについて子どもたちの評価はわかれた。

「はじめはみんな反対していた。だんだん反対する人がなくなって北里だけになった。とうとうひとりだけになってしまった．国たいひとりだったら、絶対勝てるはずないのに、どうしてひとりだけがんばってるのだろう。国のいうことをきいてしまった人は、そんなことなら、はじめから反対運動なんかしなきゃいいのに……」（早苗）

「ひっこしてしまった人はいくじなしだと思った．ひとりで反対しっづけたひとはえらいなと思った」（昭二）

「何が『道路をほそうする』『水道をひく』だ。それにつられて賛成した人もいい気なものだ」（千明）

子どもは本当にそう感じたのだとは思うが、「教師の考えが出すぎたため、引きずられている」批判されても反論しにくいのも事実だ。

「他の部落が賛成しだしても、北里だけは反対した．けれども、三年の年月が人々の心を変えてしまったのだろうか……」（幸子）

「小針の人で、今でもひとりでがんばっていることを聞いたけど、ぼくだったら、みんなといっしょにがんばるのをやめてしまっただろうと思う」（つかさ）

事実から学ぶことの大切さ

教師のかなり強引な資料の提示や説明があったにもかかわらず、子どもたちは、いろんな意見を出している。これは直接、家族や周りの人から聞いてきた成果だろう。

当時を思い出して

「あのころのわしたちの苦労や、どんな思いをしたのか先生や子どもたちにいくら話してもわかってもらえないだろう」

というおじいさんのコトバは事実だ。だからこそ、後者のグループの意見をたいせつにしたい。

「突然基地のことを聞かれて、どう答えていいのか困ってしまった」とあるお母さんは言いました。日本の民衆のたたかいは、現在では、部分的、一時的な勝利はあるにしても、残念ながら敗北の歴史という側面が濃い。けれども人びとは、最後の勝利を獲得する力をそのなかで着実に育てていると思いたい。そのためにも民衆の受けた苦しみ、悲しみの重さを感じさせることをたいせつにしたい。小牧基地反対運動と、砂川・内灘の運動とのちがいは、労働組合や政党との協力関係にあった。北里の村民は左翼の運動と見られるのを警戒し、労働組合や政党の支援としっくりとこないところがあり、どちらかというと村の力だけで立ち向かおうとした弱点があった。封建的ともいえる村落共同体的な運動のすめ方の限界・弱点にまで触れることは無理であり、どのようにまとめるのがいいのか迷った。

「……みんな最後には反対運動をやめてしまったから、クラスの多くの意見は、運動をつづければよかったのにということだった。でも、私はしょうがなかったのだろうと思います。今だって北里の人は飛行場には賛成でないと思います。結局、勝てなかった反対運動だけどみんなで集会を開いて、署名を行って、がんばったことにはかわらないんだから……。反対運動に参加した人はりっぱだったと思います、私は。」　（志保）

「学校によい装置をつけるとか鉄きんにすると国が言いだしたら、みんなは賛成した。でも賛成したというよりも、賛成するしかなかったんだなあと思う。……それに家の人が小牧基地に関係のある仕事だったら反対はで

きないだろう」　（みその）

実はみそのさんの父は、基地で働いていた。このことを知ったのはずいぶん後のことであった。どんな切ない思いでこの学習に参加していたのだろうか。もしこのことをつかんでいたら、授業展開は大きく変わり、もっと深まっていたであろう。

北里には、冷暖房完備・防音設備のしてある公民館が」八つも建設されている。道路はどんなせまい道でも舗装されている。民家も防音工事もなされるようになってきた。いわば基地迷惑料とでも言うべきもので、インフラがすすめられた。たしかに、これは基地反対の声を消す働きを持っている。反面、小牧基地反対運動により獲得されたものである。「結局、勝てなかった」けれども「みんながんばった」とまとめることにした、ずいぶんためらいながら………。

子どもは、子どもの感性で表現

基地学習の進め方は、今思うと押しつけ的で汗顔ものです。しかし子どもたちの絵はマンガ風に描かれていた。これはショックだったが、子どもたちにはぴったりくるという。描く前に、子どもたちとどういう場面か話しあい、イメージづくりをしたが、まさかマンガのタッチで描くなんて予想だにしなかった。いかにも、いまの子らしいと表現かと、今思えば納得出来るが、このときは「…？」であった。

消された紙芝居

荒っぽい指導であったにもかかわらず、子どもたちはよく調べ、まとめ上げた。この子たちのがんばりと基地拡張反対運動の記録を残せたらと、教育出版社の行っていた「日本標準教育賞」に応募した。紙芝居の原画も添えた。それが思いがけず第二席に入賞した。しかしそれを知ったのはずいぶん経ってからであった。おそらく賞状や記念品が学校に届いたであろうし、原画も返されたと推測されるが、不意転を食らった私の元へは連絡が来なかった。紙芝居も行方不明である。子どもたちにも知らされなかったようである。

私はこのころ、体制内組合を「階級的・民主的に強化」するのため反主流派候補者として役員選挙の先頭に立っていた。一票差で青年部長に当選したり、あと十数票が動けば親組合の役員に当選するところまでになっていた。その背景には本山革新市長が当選する、美濃部都知事・黒田大阪府知事、京都では蜷川府政が根を張っていた革新の時代である。校内で学習会を組織すると切り崩しが入る、それでも潰せないとなると教頭が「私も入れてちょう」と毎回参加する。最後の手が不意転であった。三学期に行われた人事希望調査で、「君も中学校の経験をしたらどうかね」と聞かれた。当時、五年生の担任は通例として六年に持ち上がるので、いずれの話と気にもとめず、「まあ、いずれはそういうことも…」と答えた。それが修業式間近に、「おめでとう、君の希望どおり中学校に転勤が決まったよ」と告げられた。うかつであった。体制内組合の人事対策部は動かないことがわかりきっていたので、だまし討ちに遭った気分で転勤した。前述した「クビにしてやる」というのは脅しではなかったのである。

転勤先の中学校は市内で最初に校内暴力の嵐に見舞われた学校であった。大変ではあったが必死に取り組むことで新しい仲間もでき、貴重な実践もでき、それはそれでよかったとは思うが、北里の子どもたちには申し訳ないことになってしまった。

なお、この本稿中の紙芝居の写真は、スライドにもしておこうとカメラに収めていたのでデータとして残っていた。

山田　隆幸　記

（一九七八年、北里小学校に勤務）

北里小の子どもたち（当時）

第六章　軍事都市愛知の中核・小牧基地

1 海外派兵の中心基地小牧

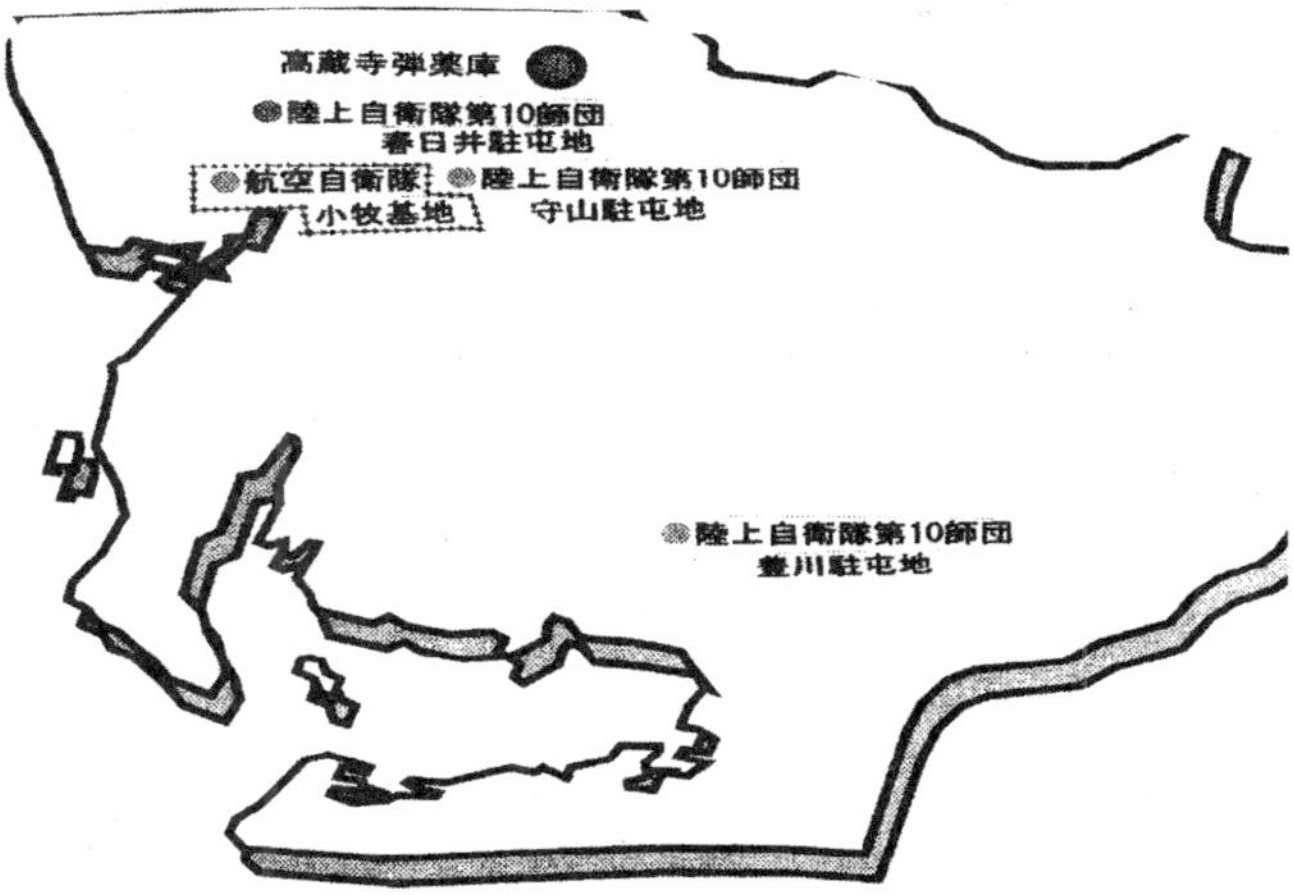

砂川、内灘と違って小牧基地拡張は強行された。これは運動側の弱点もあったが、今、日本政府が沖縄にかけている攻撃と同じで絶対に譲れないと考えていたからである。

航空自衛隊小牧基地は攻撃基地と同時に兵站基地として輸送航空団の中でも重要視され、強化されてきた。

その理由は、

①三菱重工を軸に軍需産業が集中しており、補給、修理能力を備えた日本最大の兵站基地である。

②高蔵寺弾薬庫があり、小牧基地と一体となって機能している。

③陸上自衛隊10師団（春日井・守山・豊川）との連携が撮りやすい。

④日本列島の中央に位置し、東名、名神、中央高速道路の結節点という地の利。名古屋港も近い。

今や、輸送航空団は陸海空自衛隊の統合航空輸送任務を持つ部隊でC130の戦術空輸に加えて、ＫＣ７６７空中給油機の配備で、戦う輸送航空団に強化された。

愛知万博開催を利用し、名古屋空港にはまだ余裕があるとされているのにセントレア・中部新国際空港が建設された。春日井・小牧・豊山の要望で県営小牧空港の形は残しているものの、自衛隊基地が中心と変質した。

初めての自衛隊の海外派兵は1992年（平成4年）である。国際平和協)法に基づいて国際連合平和維持活動（PKO）としてカンボジアへ第一〇施設大隊（現在は春日井市に駐屯）及び停戦監視要員が派遣された。出発地は小牧基地である。

その後も常に、小牧基地は海外派兵の中心基地なっている。

1992年
PKO 初の自衛隊海外派兵壮行会
第1号機 C130輸送機

送迎デッキで抗議集会
＊その後の派兵時は
このデッキは立ち入り禁止。

2 再び農地買収問題
小牧市東部(上末地区)に
ー三菱重工小牧北工場の建設ー

1967(昭和四十二)年、小牧市東部の上末部落に、「三菱重工小牧北工場を建設するので農地を買い上げたい」という話が持ち込まれた。

当初の説明は、空調機械の製造工場ということであった。確かにその頃はクーラーが家電の次の目玉であった。

しかし、すぐミサイルの製造工場であるということが部落中に知れわたった。「寄合」がもたれ、大騒ぎとなった。

私がこの問題を知ったのは学級の子どもが次のような詩を書いてきたからである（当時、篠岡小学校勤務）。

三びし重工

まつむら えみこ

上末に三びしが来ることになった
賛成の人
反対の人
みんなの意見が分かれた
そんなに問題なのだろうか

三びしが来たら
上末が有名になる
ひ害が出たら
よい設備にしてくれる

でも　お母さんは
「戦争になって、
三びしが　ばくげきされて、
ドカーンといくと
うちもドカーンと
いくかもしれない」
と言った

私には賛成か　反対か
わからない
でも、ドカーンと
いくのはゴメンだ

今思えばうかつであったが、くわしく調べることはなかった。農地を売り渋る人が多かったため、小牧市の職員が先頭に立って説得に回ったという事くらいしか分かっていない。本体の名古屋誘導推進システム製作所の横に申し訳のように、空調設備の看板が上がっていたのは確かである(今は無い)。

1991（平成三）年、爆撃事件こそなかったが、製造過程のミスで死者も出るという爆発事故が起きた。

小牧平和委員会の一員として調査に入った。セキュリティが厳重で、正門前の公道からビデオを回していたら「撮影はやめなさい！」と声がかかり、守衛が現れた。小牧市の職員が課税対象施設の調査に入ろうとしても拒否される有様であった。その後、機会があって、

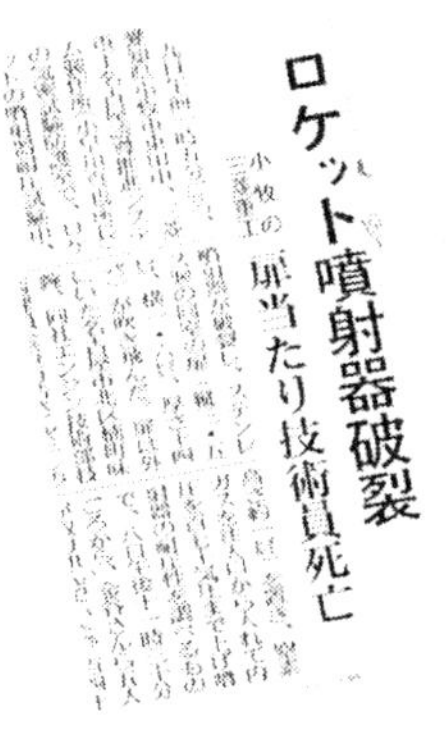
ロケット噴射器破裂

中日新聞　1991. 8. 9

中に入ったことがあるが、ミサイルの精密模型が置いてあり、社内報は湾岸戦争で有名になったミサイル名「パトリオット」が使われていた。

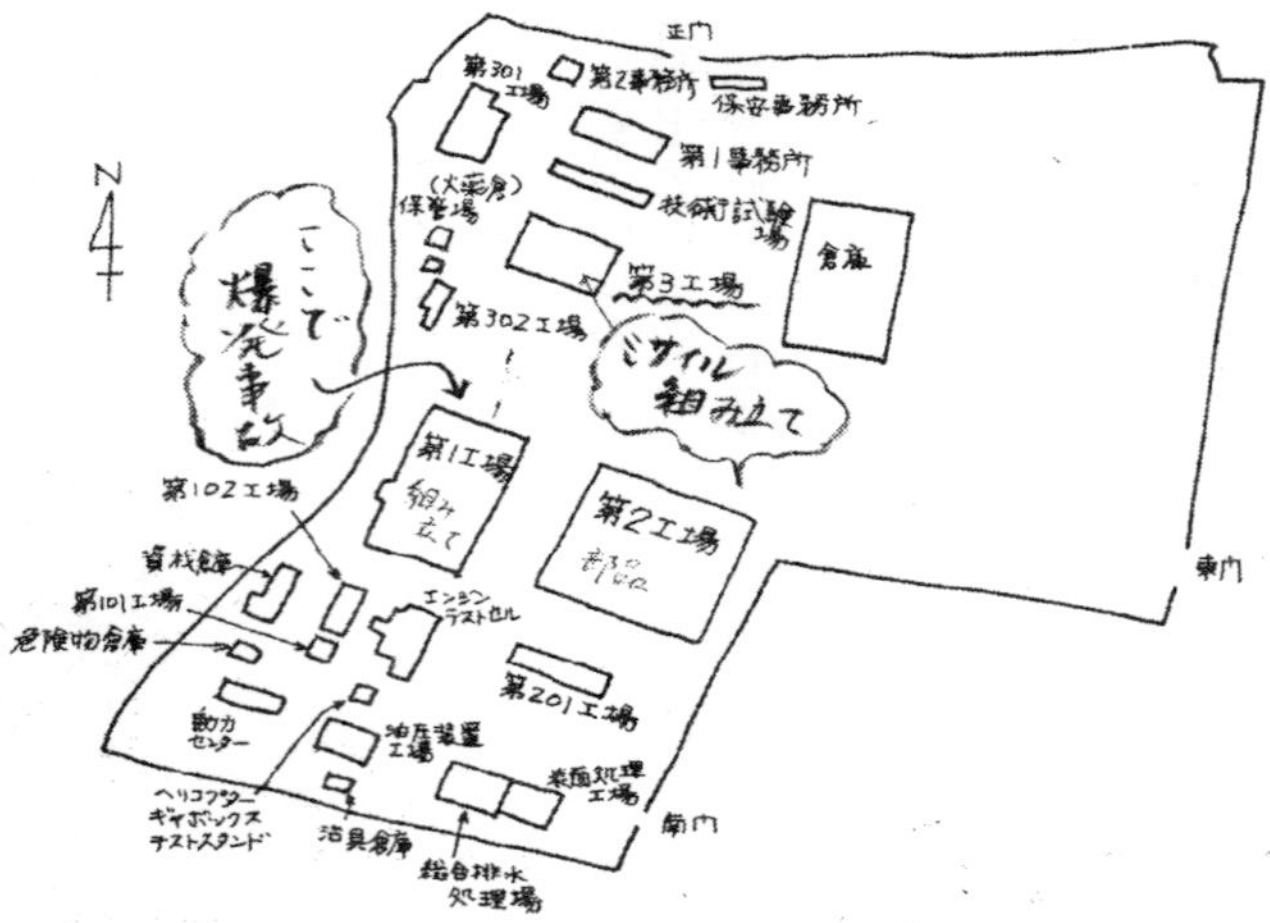

三菱重工組合員の協力で作られた工場の配置図（当時）

このころは名古屋航空機製作所の小牧北工場として操業を開始したが、今や名古屋誘導推進システム製作所と独立した。現在、パトリオットミサイル、航空・宇宙エンジン、制御機器関連のトップ技術を持つにいたっている。正門前の銘板には「宇宙・防衛ドメイン」と表記されている。宇宙ロケット開発とミサイル開発は一体なのである。

ゼロ戦で有名な三菱航空機、中島航空機など戦前から愛知は軍需産業を中核とする都市であった。戦後も朝鮮戦争を機に、次図のように日本の中でもとくに兵器産業が集中している都市である。

東名、名神、中央自動車道の結節点に位置するという小牧基地の危険な役割をさらに明らかにする必要がある。

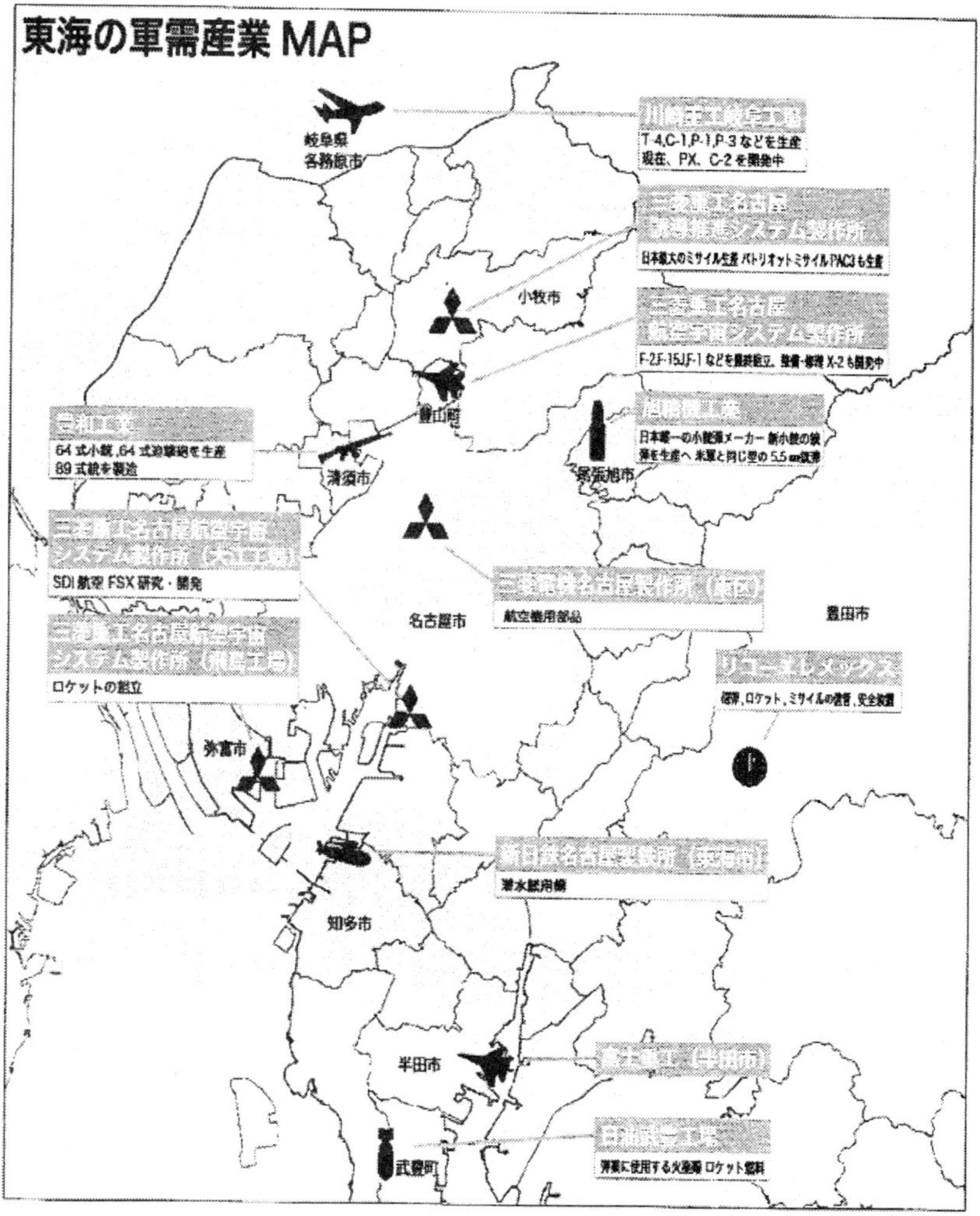

トヨタも軍用車両を製造しているが、製造工場が県内であるか
確認できないため除外。　　　　　　　　　作成　愛知県平和委員会

終章　小牧基地拡張反対運動から学ぶべきこと

過去の記録でなく、今の課題につなげて

愛知県民の大運動であった小牧基地拡張反対運動の全体像を扱った著作がない。個人的にも関わりの深い私の手で地域の歴史として遺しておきたいと考え、自分の教育実践と結びつけてまとめ始めた。多くの人の協力で眠っていた資料が次々と見つかった。

さらに今の愛知に巨大な兵器産業のネットワークが小牧基地を核にして形成されていることをあためて思い知らされた。

また、この小牧基地拡張反対運動は、過去の歴史でなく、国や企業が沖縄や原発のある自治体の反対運動を金を使って、押さえ込もうという現在の問題につながっていることに気づかされた。札束でほっぺたをひっぱたいて心を縛ろうという國や企業のやり口に怒りを覚えるとともに、それに翻弄される民衆の苦悩が痛いほど伝わってきた。人間としてどう誠実に生きるか、問われることであった。

この章を書くには私の力では書き切れない、この運動に心血をそそいで取り組まれた田中邦雄氏にこそ、今の時点でどのように教訓を学ぶべきかを書いてもらうべきと思い、一文を寄せていただいた。

二つの教訓
＝いま、感想として

田中邦雄

この記録は、過去の一断面で、それなりに歴史の限界をもっているものです。しかし、その当事者として、いま、ふれておきたいことが二つあります。

①基地闘争そのものについて

当初から気づきはじめながら、できなかったことですが、基地闘争とは、その危険に現地が反対し、現地で阻止する問題だけではありません。それ以上に、国民自身の問題として、全国民の力で打破する壮大なたたかいであり、それでこそ勝つことができるというこ

とです。今、私たちが沖縄の人と共にたたかっているとおりです。

民主勢力が、小牧基地を名古屋・愛知のたたかいとして広くとりくみ、世の中の流れは変えられる！　その現実の動きをつくることが必要でした。それがまた、現地の人たちが自らの要求に自信をもち、困難とたたかえる支えになる、そこが、努力の如何もありますが、残念ながら力不足だった時代でもありました。現地の人たちと互いの信頼を築ききれなかったのも、大きく言えばそこにありました。共闘のやりかたや態度の上手下手という次元だけではないなと思います。表面に出た社会党にも、努力はありましたが、やはり自分たちの運動の都合に合わせる傾向があったと思います。

県学連がこの問題を平和・民主への最初のたたかいとしてとりくんだことが、現地最後の段階での励ましになったとともに、全県的には六〇年安保への大闘争発展につながりました。これが、小牧基地闘争全体を通ずる基本的教訓の第一だと思います。

②民主勢力が「国民と互いに深く溶けあう」ことの大切さ

現地農民の人たち相互の結びつき、そして、民主勢力と農民の人たちとの溶け合い、信頼は、運動のやりかた以上に、心の問題です。現地農民には、相互にも、そしていわゆる「外部」＝民主勢力との共同にも、大きな壁がありました。相互の不信、利害対立とともに、頭から「アカ」を受け付けないという前近代的なものもあり、直面する生活の不安がそれを拡大していました。

さらに、支配者の側からのオドシや卑劣な利益誘導、分裂・買収は複雑・狡猾を極めました。基地闘争の深刻さは、沖縄に今見るとおり、基地問題が手段を選ばない住民分断を生むことにあり、上小針も四つに分裂させられました。しかし、そういう困難にもかかわらず、私たちが現地農民と結びつき、互いの信頼と協力を深めてたたかい得たことの意味は大きいと、言ってもよいと思います。

率直に言いますが当初、私たちには、主役である現地農民の方々の現瞬間の気持ちを理解しようとせず、それどころか教え込もうなどという思いあがった態度やあせりもありました。互いに接じ合う中で気づき、幾多の未熟さを持ちつつも、これを克服し、自ら学び、決して規模は大きくはないが、互いに溶け合えた。支配者の恥知らずの攻撃や策動の中から不可避に生まれる相互の不信や目先への動揺、互いの弱さを知り、支え合い、励まし合う、――溶けあうとは何かを初歩的ながら学ばされたと言えると思います。

　これは大事なことと思っています。どんな困難があっても、全国民が互いに国民として溶け合い、信頼と共同を進める日は必ず来る、これが私たちが現地で学んだ実感であり、将来にわたっても大事にしたいことと思っています。

③いまこそ「共同」、そして日本中に心の溶けあいを

　いま、日本の歴史かつてないアベ政治の危険とともに、全国いたるところから国民の声と運動が大きくひろがろうとしています。いまこそ共同、そしていまこそ日本じゅうの心の溶け合い、結び合いをともとめつつ、かつてのちいさな体験が、大きな未来への流れにすこしでも貢献できたらと願っています。私も九〇歳、実際に戦争をした最後の世代としてのつとめをと思いつつ。

2016．8．17（田中邦雄　記）

資料編

1　村内に配布された共産党ビラ

1956年夏から秋にかけてほとんど連日、あるいは数日おきに配布された日本共産党小牧基地対策部のビラの一部を紹介する。

各ビラとも、Ｂ４版で粗・細何種かのヤスリ版を使った。小針・市之久田の風景の手書き挿絵入りのガリ版刷り、全文ふりがな付きである。

作成、配布　田中邦雄氏

土地は命 国の宝だ

おちついて相手にせぬこと

六月中に とは おどかし

「二十八日までにへんじをせよ」というのは、アメリカの国の予算の年度がわり、六月末日までに、何とかていさいをつくってげんをとりたいというかんがえで、政府や調達局の役人がせきに一生けんめいになっているだけのことです。おどかして、何とかうまくいけばもうけものというわけです。

南の方も手はつかない

「六月末までには、南の方の工事にかかる」などと、いかにもせっぱつまったようなことをいっていますが、その実、北部ががんばっているため、春日井・青山の辺りわたしの調印もすすまない。工事どころでありません。

強制収用は口さきだけ

強制収用などそうかんたんにはできない。げんに調達局が自分でそんなことをいってきたことは、一ぺんもないではありませんか。いってきたところが、みんな団結してがんばっておれば、できもしません。これからは、たびたび名ざしで一人一人に（それもときには全部にでなくバラバラに）手紙でびっくりさせようとしてくるでしょうが、平気でかえしておればこわくはありません。

内わもめさせようとの手

おちついて、相手にせぬことです。「七割はうるはなしが」部落のことが調達局へつつぬけで「一人一人のはらはわかっている」ということは、おたがい同志を信用させなくし、ぐらつかせ内わもめさせようという卑怯な手です。人の心ばときに疑うことがあっても、土地をまもる気もちは一つです。

相手になるより田植だ

田植を目のまえにして、おちつかせぬようにいろいろと混乱させようというのです。そんなことにあたまをつかっていては、仕事になりません。ひまと金のある調達局の相手にはなっておれません。「かどなたろうと、かえってむこうがつよくでるだろう」との心配はもっともですが、それでは相手がますます図にのり、こっちは気もちが沈むだけ疲れるだけ。第一田植ができません。おちついて相手です。団結しておれば大丈夫です。先祖代々の田を植えましょう。

沖縄をかたせよう

アメリカ軍の横暴ぶりにおどされ、去年の三月などブルドーザーで部落がつぶされ、家財道具をやきはらわれ、野良着はだしのまま反対する農民がひっぱられたという沖縄では、全島あげて反対にたちあがりました。基地問題はふたたび日本全国民のもんだいとしてひろがってきました。「島は違ずれ、せけ情」――沖縄那覇市軍用地問題解決運動協議会あてはげましの手紙をおくりましょう。

日本共産党小牧基地対策部（責任者 田中有雄）

むこうのでてくる手は もうわかっています

みなさん、毎日ごくろうさまです。今年の田うえはどうですか。もうすぐ田うえ、今年もわが田で思うぞんぶん米をとりましょう。この一年で、みんないろいろ経験をつんだ。きまり文句や、古い手ではおどろかない。おちついて、つぎのたたかいに、そなえましょう。

いそがしくてほかのことにかまっておれぬときにつけこんで、むこうがやってくる手は、どんなふうでしょうか。それは、もうわかっていることです。

「ここで政府のいう周辺補償の条件を、首だけでもきいてみたらどうだ」

「これでいやなら、強制収用にかける」「田うえがすんだら、話をするか」

といった調子で、くるでしょう。

話にのったら、ズルズル相手の土俵にはいってしまいます。

ただ、むこうの話に、ほんとうのことがあったためしがない。

「条件」は、かならずうらぎられるでしょう。

「強制収用」というむりなことは、こっちがはらをすえてまとまってさえおれば、じっさいに手だしできるものではありません。

「せっかくの条件だに、一人でも反対するものがあったら、部落じゅうがだめになるぞ」と、春日井では、みんなが知らないのをいいことにして、だまされました。いまこその方策でも、そんなあまりはありません。

基地拡張は時勢にあわぬ

おどかしとうそ、むこうの手は、いつでもこれだけです。

時代のうごき、世論の力というものは、目にはみえないが、大きなものです。

小選挙区制のようなむりなやりかたさえも、学者、労働組合、文化団体・社会党・共産党――国民こぞっての反対で、とうとうつぶれました。

軍備の縮小は、ソヴエトとアメリカのあいだでも、はなしあわれようとしています。セイロンだのアイスランドだのという、名前もきいたこともないような国でさえ、アメリカの基地撤去をきめたと、新聞にもでています。

反対する同じ気もちの人々が、すべて一つになって反対したからこそです。

日本国民は、かつてないやりかたには、承知してひっこむものではありません。

基地も同じです。みんな、わすれてはいません。

先祖代々の土地をまもって、おちついて、がんばりましょう。

六月六日　日本共産党小牧基地現地対策部（責任者 田中有雄）

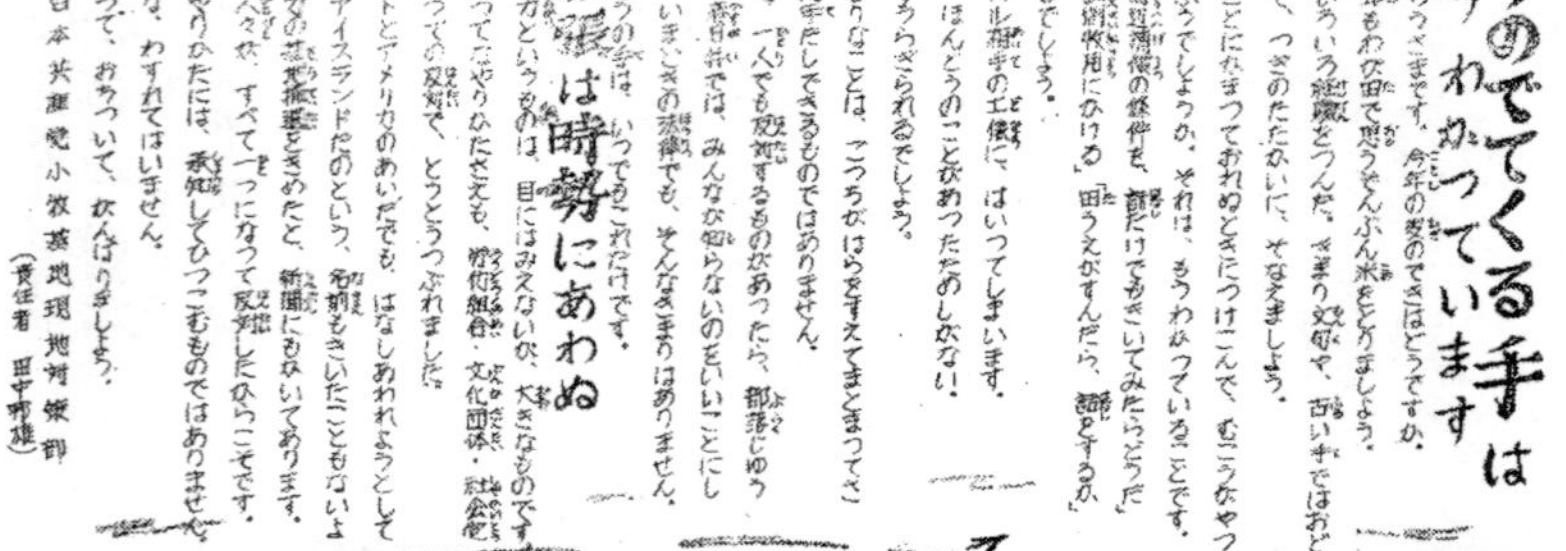

だまされて泣くか 決心と団結でがんばりとおすか

サルのみせたカキのタネにつられて、カニは自分《じぶん》の「にぎりめし」と「カキのタネ」ととりかえました。「いまにこのカキにうまい実《み》がなるひ」とたのしみにしていたら、けっきょくサルにみんな食われてしまいました。そして「一つでいいからカキをください」というカニに、サルは青《あお》がきをぶつけ、カニは甲羅《こうら》をくだかれて死んでしまいました。

「条件闘」というのは、この「サルカニ合戦《がっせん》」の話とおなじことです。

「関係補償」というカキのタネをみせたりして、いかにも条件に入ったら、部落にたよったり政府《せいふ》におねがいしたら、「もっといい条件」という実《み》がなりそうにみせびらかしているのです。

だが政府《せいふ》の「うそ」にはもうこの一年半《ねんはん》タコができるほどみせつけられたことです。青柿をぶつけられるが、おちです。

命《いのち》のつなの土地《とち》をぜったいはなしてはならない。

土地《とち》を守《まも》ることこそ、部落《ぶらく》すべての人のねがいです。

人の心《こころ》のつねとして、ときによわ気《き》はあっても、根《ね》は一つです。

この気《き》もちをいいかげんにしたり、ふみつけたら、それこそ村《むら》のみだれです。部落《ぶらく》をみだすもとです。

義理《ぎり》にひらみ、目《め》さきのエサやうまい話《はなし》にからんで、政府《せいふ》のきりくずしは、しずかにみえるときほど、さかんになります。

つられて団結《だんけつ》をみだしたら、それこそ部落中《ぶらくじゅう》の不幸《ふこう》です。

「強制収用」は、おどかしのことばとしては通用《つうよう》しても、団結《だんけつ》のそんには、できないし、こわがることはありません。

いまこそ一人《ひとり》一人の決心《けっしん》と行動《こうどう》がだいじです。年《とし》よりも青年《せいねん》も主婦《しゅふ》も、一人一人が心《こころ》がまえをし、自分《じぶん》たちの決心《けっしん》をいつもえんりよせずにハッキリいうことです。

八月二十六日
日本共産党
小牧基地対策部
（責任者田中[illegible]）

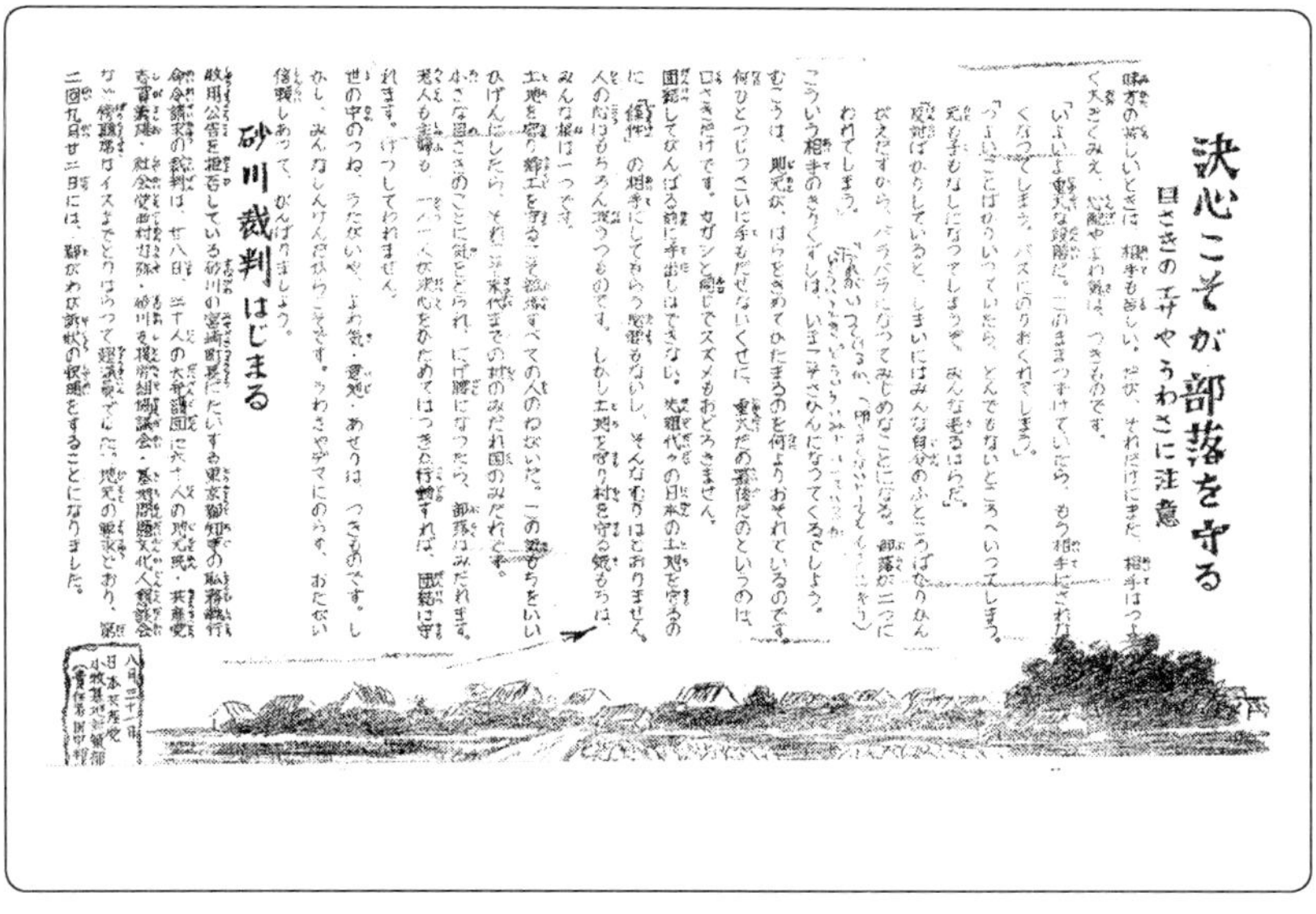

決心こそが部落を守る
目さきのエサやうわさに注意

味方《みかた》の少ないときは、相手《あいて》も苦しい。だが、それだけにまた、相手《あいて》はつよく大きくみえ、心配《しんぱい》やよわ気《き》は、つきものです。

「いよいよ重大《じゅうだい》な段階《だんかい》だ。このままつずけていたら、もう相手《あいて》にされなくなってしまう。バスにのりおくれてしまう」

「つよいことばかりいっていたら、とんでもないところへいってしまう。元《もと》も子《こ》もなしになってしまうぞ、みんな考えるはらだ」

攻撃はかかしていると、しまいにはみんな自分《じぶん》のふところばかりかんがえだすから、バラバラになってみじめなことになる。部落《ぶらく》が二つにわれてしまう。

こういう相手《あいて》のきりくずしは、いまこそさかんになってくるでしょう。

むこうは、現地《げんち》が、はらをきめてかたまるのを何よりおそれているのです。

何《なに》ひとつじっさいに手《て》もだせないくせに、重大《じゅうだい》だの最後《さいご》だのというのは、口《くち》さきだけです。カカシと同《おな》じでスズメもおどろきません。

団結《だんけつ》してがんばる前《まえ》に手《て》出しはできない。先祖代々《せんぞだいだい》の日本《にほん》の土地《とち》を守《まも》るのに「条件」の相手《あいて》にしてもらう必要《ひつよう》もないし、そんなむりはとおりません。

人の心《こころ》はもちろん、みなもつものです。しかし土地《とち》を守《まも》り村《むら》を守る気《き》もちは、みんな根《ね》は一つです。

土地《とち》を守り部落《ぶらく》を守ることこそ組織すべての人のねがいだ。この気もちをいいかげんにしたら、それこそ末代《まつだい》までの村のみだれ国のみだれです。

小《ちい》さな目《め》さきのことに気《き》をとられ、にげ腰《ごし》になったら、部落《ぶらく》はみだれます。

老人《ろうじん》も主婦《しゅふ》も、一人一人が決心《けっしん》をかためてはっきり行動《こうどう》すれば、団結《だんけつ》は守れます。けっしてわれません。

世《よ》の中《なか》のつね、うたがいや、よわ気《き》・意地《いじ》・あせりは、つきものです。しかし、みんなしんけんだからこそです。うわさやデマにのらず、おたがい信頼《しんらい》しあって、がんばりましょう。

砂川裁判はじまる

収用公告《しゅうようこうこく》を拒否《きょひ》している砂川の宮崎町長《みやざきちょうちょう》にたいする東京都知事《とうきょうとちじ》の職務執行命令請求《しょくむしっこうめいれいせいきゅう》の裁判《さいばん》は、廿八日、六十人の大弁護団《だいべんごだん》に六十七人の地元民《じもとみん》・共産党《きょうさんとう》・社会党《しゃかいとう》・町村労組・砂川支援労組協議会・基地問題文化人懇談会《きちもんだいぶんかじんこんだんかい》など傍聴席《ぼうちょうせき》はイスまでとりはらって超満員《ちょうまんいん》でした。地元《じもと》の要求《ようきゅう》どおり、第二回九月廿二日には、裁判所が現状の検証をすることになりました。

八月三十一日
日本共産党
小牧基地対策部
（責任者田中[illegible]）

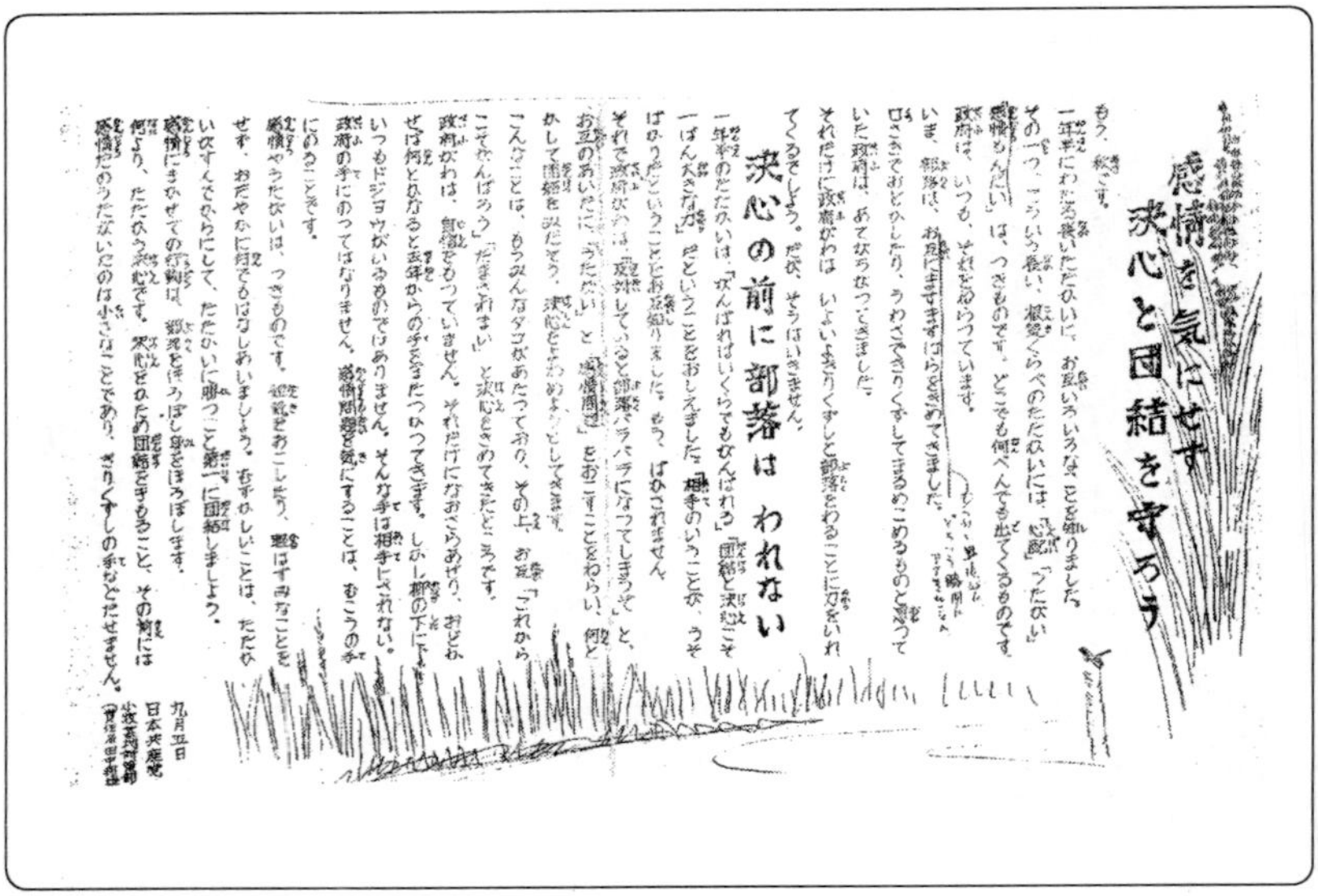

感情を気にせず 決心と団結を守ろう

もう、秋です。

一年半にわたる長いたたかいに、お互いろいろなことを知りました。

その一つ、こういう長い、根競べのたたかいには、「心配」「うたがい」「感情もんだい」は、つきものです。どこでも何べんでも出てくるものです。

政府は、いつも、それをねらっています。

いま、部落は、お互にますますはらをきめてきました。

口さきでおどかしたり、うわさできりくずしてまるめこめるものと思っていた政府は、あてにならなくなってきました。

それだけに政府がわは いよいよきりくずしと部落をわることに力をいれてくるでしょう。だが、そうはいきません。

決心の前に部落は われない

一年半のたたかいは「がんばればいくらでもがんばれる」「団結と決心こそ一ばん大きな力」だということをおしえました。「相手のいうことが、うそばかりだということも知りました。もう、ばかされません

それで政府がわは、反対していると部落がバラバラになってしまうぞ」と、お互のあいだに「うたがい」と「感情問題」をおこすことをねらい、何とかして団結をみだそう、決心をよわめようとしてきます。

こんなことは、もうみんなタコがあたっており、その上、お互「これからこそがんばろう」「だまされまい」と決心をきめてきたところです。

政府がわは、自信をもっていません。それだけになおさらあせり、おどかせば何とかなると去年からの手をつかってきます。しかし[illegible]

いつもドジョウがいるものではありません。そんな手は相手にされない。

政府の手にのってはなりません。感情問題を気にすることは、むこうの手にのることです。

感情やうたがいは、つきものです。誤解をおこしたり、悪口はすみなことをせず、おだやかに何でもはなしあいましょう。むずかしいことは、たたかいやすくなるようにして、たたかいに勝つこと第一に団結しましょう。

感情にまかせての行動は、部落をほろぼし身をほろぼします。

何より、たたかう決心です。決心をかためる団結をまもること、その前には感情だのうたがいだのは小さいことであり、きりくずしの手などだせません。

九月五日
日本共産党
小牧基地対策部
（責任者田中[illegible]）

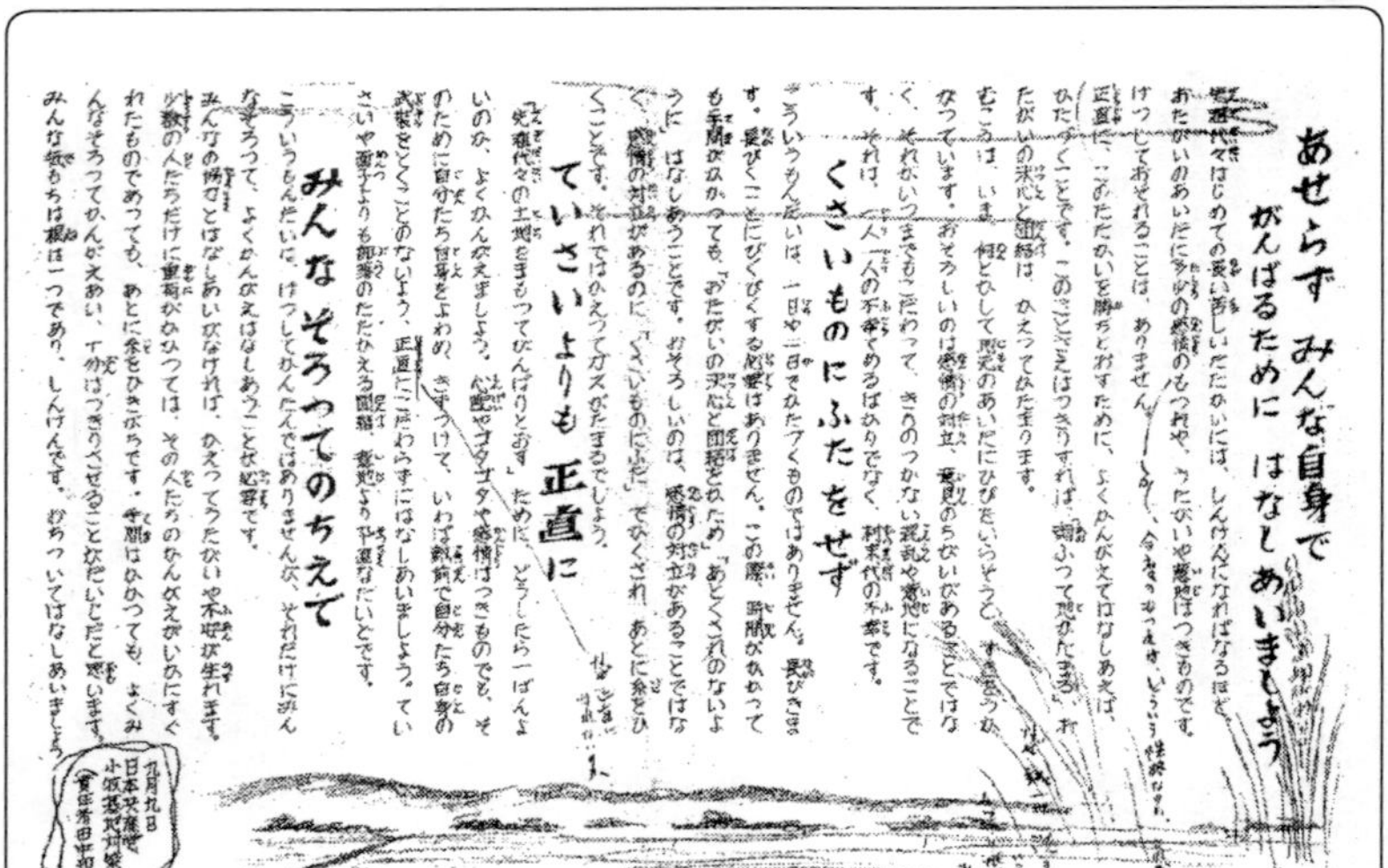

あせらず みんな自身で がんばるために はなしあいましょう

先祖代々はじめての長い苦しいたたかいには、しんけんになればなるほど、おたがいのあいだに多少の感情のもつれや、うたがいや意地はつきものです。

けっしておそれることは、ありません。

正直に、このたたかいを勝ちとおすために、よくかんがえてはなしあえば、[illegible]ことです。このことさえはっきりすれば、たたかいの決心と団結は、かえってかたまります。

むこうは、いま、何とかして部落のあいだにひびをいらそうとなっています。おそろしいのは感情の対立、意見のちがいがあることではなく、それがいつまでもこだわって、きりのつかない混乱や意地になることです。それは、一人一人の不幸であるばかりでなく、村末代の不幸です。

くさいものにふたをせず

こういうもんだいは、一日や二日でかたづくものではありません。長びくことにびくびくする必要はありません。この際、時間がかかっても「おたがいの決心と団結をかためる」あとくされのないようにはなしあうことです。おそろしいのは、感情の対立があることではなく、感情の対立があるのに「くさいものにふた」でかくされ、あとに糸をひくことです。それではかえってガスがたまるでしょう。

ていさいよりも 正直に

先祖代々の土地をまもってがんばりとおすために、どうしたら一ばんよいのか、よくかんがえましょう。心配やゴタゴタや感情はつきものでも、そのために自分たち自身をよわめ、おしつけて、いわば敵前で自分たち自身の武装をとくことのないよう、正直にこだわらずにはなしあいましょう。ていさいや面子よりも部落のたたかえる団結、意地より平和がだいじです。

みんなそろってのちえで

こういうもんだいは、けっしてかんたんではありませんが、それだけにみんなそろって、よくかんがえはなしあうことが必要です。

みんなの協力とはなしあいがなければ、かえってうたがいや不安が生れます。少数の人たちだけに重荷がかかっては、その人たちのかんがえがいかにすぐれたものであっても、あとに糸をひきがちです。時間はかかっても、よくみんなそろってかんがえあい、十分はっきりさせることがだいじだと思います。

みんな気もちは根は一つであり、しんけんです。おちついてはなしあいましょう。

九月九日
日本共産党
小牧基地対策部
（責任者田中[illegible]）

おそろしいのは混乱ではない
ながい大きな目で

長《なが》いたたかいです。とくに混乱《こんらん》はつきものであり、それはまた一日《いちにち》や二日《ふつか》でかたがつくようなものではありません。

おそろしいのは、混乱《こんらん》があることや混乱《こんらん》がしばらくつづくことではなく、それによってびくびくすること、それについてよくお互《たがい》にはなしあうこともなしに いいかげんにはやく「くさいものにふた」をしようとあせることです。

政府《せいふ》はこれをねらっています。「部落《ぶらく》がわれるぞ」「牧場がつかなくなるぞ」と不安《ふあん》をひろげ、「これでは、へたなことはいえぬ」という空気《くうき》をつくりだし、決心《けっしん》と団結《だんけつ》をよわめようとしています。

意地よりも　たたかうために

みんなしんけんです。ひとのことをせめる前《まえ》に、「なぜそういうことがおきるのか」と、お互《たがい》の立場《たちば》をかんがえ、お互《たがい》のやりかたを反省《はんせい》しましょう。あせりもかどがたつことも、しんけんだからこそです。意地《いじ》めでいっさいにいつまでもかまうことは、部落《ぶらく》をほろぼし身《み》をほろぼすもとになります。

決心こそが団結のもと

いま一ばんだいじなのは、どんなに手間《てま》がかかっても、みんな自身《じしん》の判断《はんだん》です。「拡張《かくちょう》をくいとめるという目標《もくひょう》へむかって、どうしたら団結《だんけつ》をつよくできるか」と大きな所《ところ》で、人まかせでなく十分《じゅうぶん》はなしあうことです。

おちついて、よく事情《じじょう》をかんがえあいましょう。こういうちょっと見《み》ると混乱《こんらん》や不安《ふあん》のひろがっているようにみえる中《なか》で、一ばんだいじなことは、お互《たがい》が決心《けっしん》をはっきりかため、たたかう団結《だんけつ》をまもりとおすことです。

この決心《けっしん》さえあれば、部落《ぶらく》はけっしてわれません。政府《せいふ》がわろうとしても、むりはとおりません。そんな手《て》は、失敗《しっぱい》におわるだけです。

あわてず、おちついて　一ばん正《ただ》しい団結《だんけつ》をつよめられる方法《ほうほう》をよくかんがえて、一人一人《ひとりひとり》が決心《けっしん》をすえて、一日一日《いちにちいちにち》ゆだんせず力《ちから》をあわせてがんばりましょう。

九月十三日

日本共産党小牧基地対策部（田中邦雄）

長期戦です、今年も麦をまこう

台風《たいふう》もことなくすんで、秋《あき》はいよいよふかくなりました。

たたかいは、これからです。

①日ソ国交回復で基地拡張の口実がなくなる。②いまの滑走路では百一〇〇型ジェット機がとべぬとアメリカにさいそくされる。③砂川・新潟が手ながひめぬし木更津がつよくなってきてしまった。④あせりのあらわし——この理由から、むこうは本腰をいれて北里のきりくずしに力をいれてくるでしょう。

条件のエサは もう試験ずみ

政府《せいふ》は、まず「がんばっているなら、いまの条件もとれぬし損失補償の話にはもうのってもらえぬぞ」とおどかしてくるでしょう。

だが、地元の要求は、けっして金でも条件でもなかったはずです。そして政府や県がありがたそうにいう「条件」とか「プラスアルファ」とかいうものがどんなものかは、二市三村で試験ずみです。

政府《せいふ》は「がんばっているなら、個人交渉にはいる。いよいよ強制収用にのりだす」とおどかしてくるでしょう。

だが、強制収用がどんなものかは、砂川で試験ずみです。地元の正々堂々のたたかいに、政府はおすこともひくこともならず、はてしがありません。だから政府はほんとうは、強制収用でおどかすことで、その前にくずしたいのです。子どもだましのおどしやエサにのったら、人がわらいます。

決心だけが部落の団結を守る

政府《せいふ》は、「がんばっていると部落がわれてしまってみじめなことになるぞ。つよいことをいっているとわれるぞ」とおどかしてくるでしょう。

だが、つよいよわいはめいめいにあっても、土地をまもる気もちはみな一つです。わたがいが自分の決心をハッキリというかぎり、団結はくずれません。

「われはしないか」などと、つよい決心も口にださず、かげでとりこし苦労していたら、それこそお互のはらの中がわからなくなり、われるもとです。

「最悪のばあい」という心配はもっともですが、ひえってみんな自分のことだけかんがえて、安心どころかバラバラになるもとではないでしょうか。

それとともに、感情で人をせめることは、どんな人もつつしみましょう。

世の中は生きています。できないと思われたことが、できていく時代です。

小さなエジプトがアメリカ・イギリスをむこうにまわしてでも、ひくともせぬ時代です。その力が、生きる権利と平和をもとめるみんなの「団結」です。

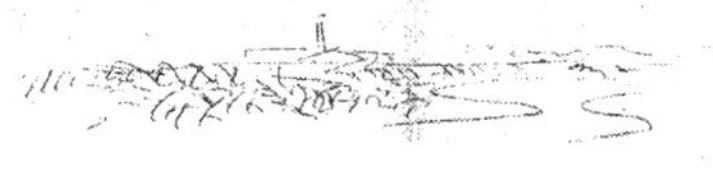

十月八日
日本共産党
小牧基地対策部

団結と正義はかならず勝つ
砂川のたたかいの教訓

十二・十三日の二日間、砂川へいってきました。

基地代表といっしょになれなかったので共産党の隊に入ってたたかいました。

十二日には三番口から千三百名、十三日には四番口から鉄カブト・機動隊で武装した警視庁予備隊（守衛者のストライキや基地反対運動を弾圧するだけが仕事でふだんはなぐる訓練だけ）二千名がせめこんできました。

十二日にはついに途中でくいとめましたが、十三日には警官は棍棒をふりあげ、ひたいをつき、鉄カブトのフチを顔にぶつけ、大きな靴で腹をけるありさまでつっこんできました。

味方は「小石一つなげても警察のスパイとみなす」と手出しを厳禁していて、うでをしっかりくんで（スクラムをくんで）ふせぎとめるだけです。私のすぐ前にいた長野県の人は首にまいていた手ぬぐいをつかんでしめられ、髪をつかんでひきずりまわされていました。私ももなぐられたりけられたりして足や腰・手などがケガをしました。眼をつぶされ、手を折られ、骨までなぐられた人はかぞえきれません。救護班の女の子までなぐられました。

そして警察隊は畑へふみこみ、オカボやイモ畑をふみあらし（あとはまったくあとかたもなくけちらされました。果樹お茶の畑以外は全部なくなってしまいました）畑の中にならんでふせぐ私たちへせめかかりました。「この野郎」とか、「兵隊へいってみろ」とかいってなぐりかかってくるのです。

私たちはみんなスクラムからひきずり出されると、すぐまたなかこみをつきやぶってあぜ道からうしろへもどってまたふせぎました。

そしてさいごに、去年測量される予定のこった宮崎ムラさんの家と畑一枚にかたまってふせぎました。ここがまもりとおせれば、この土地の使用はそれで無効になってしまう（期限が一年たってきれてしまうので）ことになっているのです。

警官隊は、これにたいし全面砲撃の方針でせめかかってきました。私たちは斗争本部の方針で、できるだけギセイをさけながら時間をかせぐことにして、じりじりおしあいながらさがりました。

眼の前でクイをうたれるときの気もちは、いうにいえません。しかしとうとう全部の測量はゆるしませんでした。

（ウラへつづきます）

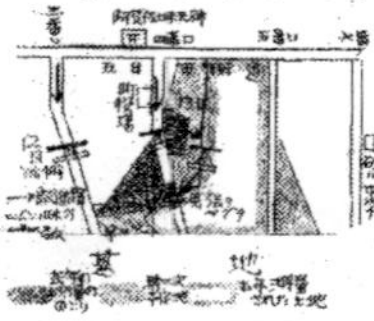

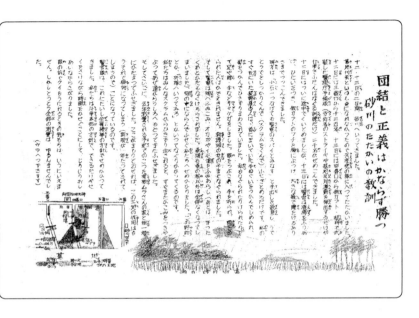

夕方、阿豆佐味天神へ泥だらけでやぶれた服の労働者・学生・地元農民の皆様が、元気にみちたデモでひきあげてきます。家々の前にはどしようお子どもたちがならび、四つ五つの子までが「ありがとう、ありがとう」と手をたたいてくれました。七百人の動員者に地元の人たちは泣きながらも、「これからだ」とみんなハッキリいいきりました。青年会の女の人たちは、私の北里のハチマキをみて、「かえったらぜひくわしく北里の人にいって下さい」とはなしかけられました。

規律正しい労働者・学生

応援の団体は、十三日には、労働組合三千百名、全国の基地百名、学生二千五百名、社会党四百名、共産党三百名、埼玉県の農民・東京の商人などの団体百名あわせて六千五百名でした。

これが五十分隊にわかれ、ハチマキ・腕章・リボンの目印をつけ（私服の警官が入るといけないので）一つのかってな行動をみとめず、支援団体協議会と全学連・地元の斗争本部の指揮下にたたかったのです。

たきだしをひきうけた東京の主婦・女子学生なども寝もねていません。警官と衝突したときはともかくとして、おとし物わすれ物はかならずとどけられけっしてなくなりません。知らぬ者同志でも、出あえばかならずあいさつします。

「砂川を守ることは日本を守ることであり、平和を守ることだ」「団結こそ勝利のみちだ」この気もちを身につけた労働者はじめ応援の人々の自覚がこのような規律ある行動となったのです。

暴力と売国の基地拡張はできない

測量中止は、国民の力であり、国民の勝利です。

「政府が、暴力をふるった」「あまりにひどい暴力が、政府の正体だった」

「アメリカへの義理だてのために、国民の血をながし、国民を敵としてまで基地を拡張しなければならないのか」

世論は、はげしくたかまらずには、いません。これをおしきって拡張をやれるような力は、どこにもありません。

たたかいのあと、地元の人たちや私たちが、のこらずかんじたのは、「こんなやりかたを、世の中は、ぜったいにゆるさない。ここまでふせいだ。われわれは、まちがいなく勝った」という気もちでした。

たたかいは、これからです。基地反対のたたかいは、全国にひろくなります。上小針・市之久田の団結を、ひろく知ってもらって、がんばりましょう。

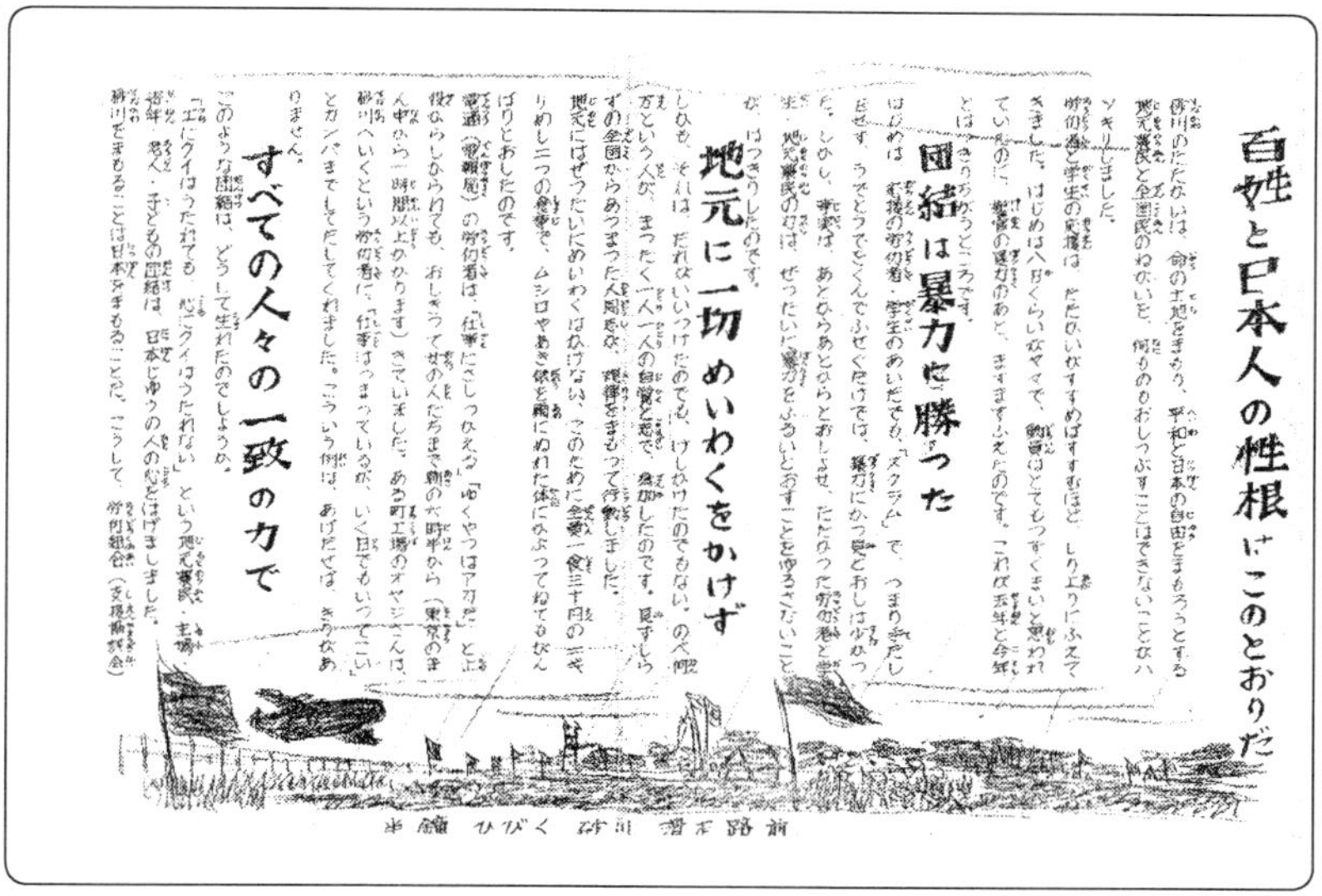

百姓と日本人の性根はこのとおりだ

砂川のたたかいは、命の土地をまもり、平和と日本の自由をまもろうとする地元農民と全国民のねがいを、何ものもおしつぶすことはできないことをハッキリしました。

労働者と学生の応援は、たたかいがすすめばすすむほど、もり上りにふえてきました。はじめは八月くらいなやさで、動員はとてもむつかしいと思われていたのに、警官の暴力のあと、ますますふえたのです。これが去年と今年とはっきりちがうところです。

団結は暴力に勝った

はじめは、武装の労働者・学生のあいだでも、「スクラム」で、つまり手をだしたせず、うでとうでをくんでふせぐだけでは、暴力にかつ見とおしは少なかった。しかし、事実は、あとからあとからとおしよせ、たたかった労働者と学生・地元農民の力は、ぜったいに暴力をふるいとおすことをゆるさないことが、はっきりしたのです。

地元に一切めいわくをかけず

しかも、それは、だれがいいつけたのでも、けしかけたのでもない。のべ何万という人が、まったく一人一人の自覚と意志で、参加したのです。見ず知らずの全国からあつまった人間どうしが、規律をまもって行動しました。

地元にはぜったいにめいわくはかけない。このために全員一食三十円の手ぎりめし二つの食事で、ムシロやあき俵を雨にぬれた体にかぶってねてもがんばりとおしたのです。

電通（電報局）の労働者は、「仕事にさしつかえる」「ゆくやつはアカだ」とおどかされても、おしきって女の人たちまで朝の六時半から（東京のまん中から一時間以上かかります）きていました。ある町工場のオヤジさんは、砂川へいくという労働者に、「仕事はつまっているが、いく日でもいってこい」とカンパまでしてだしてくれました。こういう例は、あげだせば、きりがありません。

すべての人々の一致の力で

このような団結は、どうして生れたのでしょうか。

「土にクイはうたれても、心にクイはうたれない」という地元農民・主婦・青年・老人・子どもの団結は、日本じゅうの人の心をはげましました。砂川をまもることは日本をまもることだ、こうして労働組合（支援協議会）

半鐘ひびく砂川滑走路前

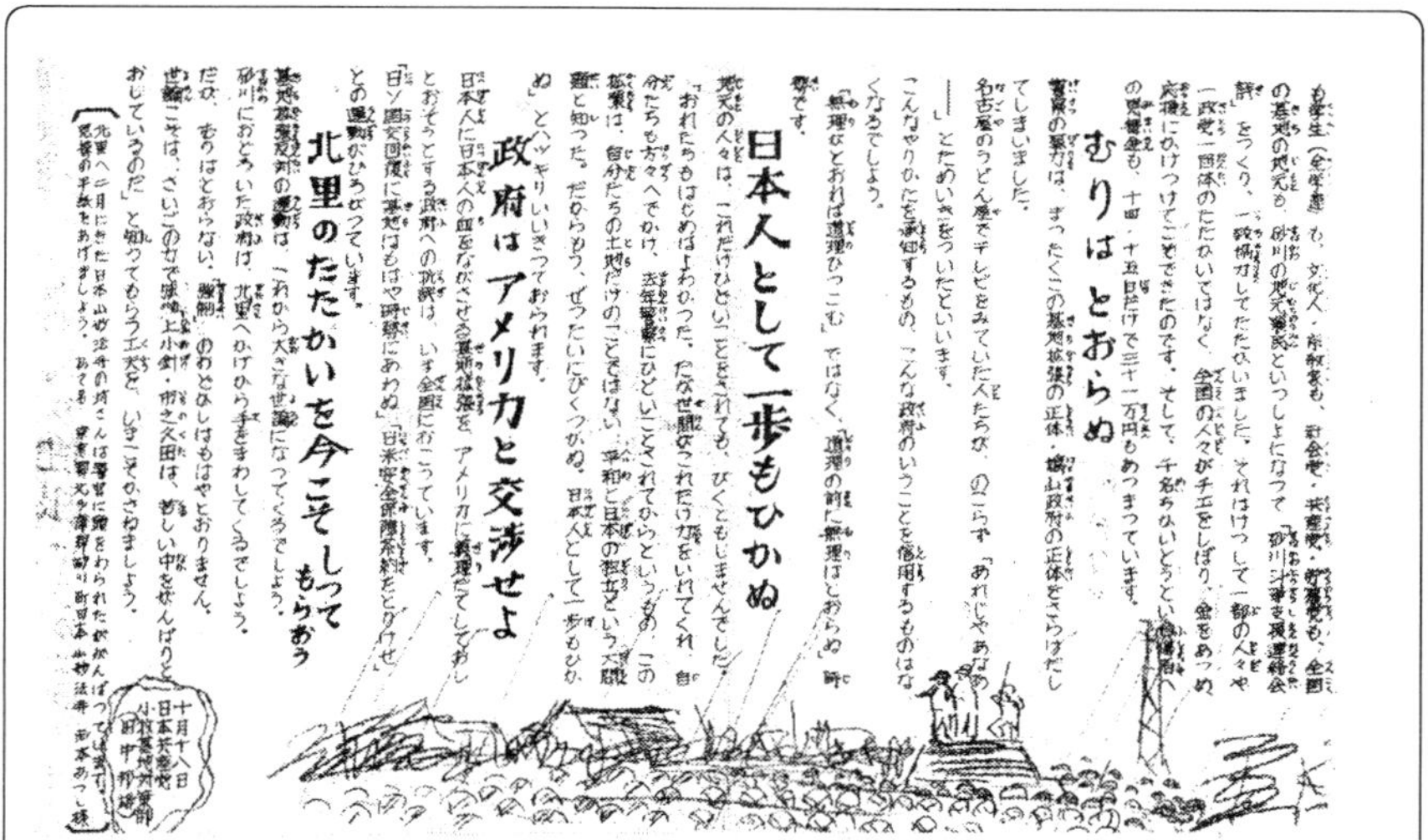

も学生（全学連）も、文化人・宗教家も、社会党・共産党・労農党も、全国の基地の地元も、砂川の地元農民といっしょになって「砂川基地拡張反対支援連絡会議」をつくり、一致協力してたたかいました。それはけっして一部の人々や一政党一団体のたたかいではなく、全国の人々がチエをしぼり、金をあつめ応援にかけつけてこそできたのです。そして、千名ちかいという負傷者の見舞金も、十四・十五日だけで三十一万円もあつまっています。

むりはとおらぬ

警官の暴力は、まったくこの基地拡張の正体・鳩山政府の正体をさらけだしてしまいました。

名古屋のうどん屋でテレビをみていた人たちが、のこらず「あれじゃあなあ――」とためいきをついたといいます。

こんなやりかたを承知するもの、こんな政府のいうことを信用するものはなくなるでしょう。

「無理をとおれば道理ひっこむ」ではなく、「道理の前に無理はとおらぬ」時代です。

日本人として一歩もひかぬ

地元の人々は、これだけひどいことをされても、びくともしませんでした。「おれたちもはじめはよわかった。だが世論がこれだけ力をいれてくれ、自分たちも方々へでかけ、去年警察にひどいことをされてからというもの、この拡張は、自分たちの土地だけのことではない、平和と日本の独立という大問題と知った。だからもう、ぜったいにびくつかぬ。日本人として一歩もひかぬ」とハッキリいいきっておられます。

政府はアメリカと交渉せよ

日本人に日本人の血をながさせる基地拡張を、アメリカに義理だてしておしとおそうとする政府への抗議は、いま全国におこっています。「日ソ国交回復に基地はもはや邪魔にあわぬ」「日米安全保障条約をとりけせ」との運動がひろがっています。

北里のたたかいを今こそしってもらおう

基地拡張反対の運動は、これから大きな世論になってくるでしょう。砂川におどろいた政府は、北里へかけひきの手をまわしてくるでしょう。だが、むりはとおらない。[illegible]のおどかしはもはやとおりません。世論こそは、さいごの力で[illegible]上小針・市之久田は、苦しい中をがんばりとおしているのだ」と知ってもらう工夫を、いまこそかさねましょう。

〔北里へ二月にきた日本山妙法寺の坊さんは警官に頭をわられたががんばっています。見舞の手紙をあげましょう。あて先　東京都北多摩郡砂川町　日本山妙法寺　西本あつこ様〕

十月十八日
日本共産党
小牧基地対策部

ながい目で決心をかためよう

きりくずし専門の相手に注意

きりくずしがいよいよはげしくなる中で一ばんだいじなのは、大きな目でものをみることです。目さきの小さな利害に気をとられてはなりません。この一年七カ月、むこうのいうことは、かたちはかわっても、いつも同じことばかりです。おきまり処分にあわてず、おちついてかんがえましょう。がんばれば、がんばりとおせるのです。日ソ国交の回復、砂川にたいする全国民のまじめなたすけと政府へのはげしい反対の世論、イギリス・フランスのエジプト侵略に全世界が反対するような平和へのうごき、こういう中で政府も、むりなことなどできないし、中止させることは、できるのです。基地拡張がやりにくくならない部分にやられた横浜接収地のときさえ、新聞報道を一撤していきなりやることもできなかったのです。ましていまは何時で試験ずみです。

目さきを考えたら きりがない

お互のねがいは、土地をまもりとおすことであって、金ではない。しかもその心からのねがいを一度もまじめにきかず、調停にかからって補償だけをのんがえるようなことは、日本人のやることではない。それは国のみだれのもとです。しかもその農民のしんけんな気もちにしまいまでまじめに対策にならずに、「反対ならしかたがない、条件でなければ手をひく」とかいうのは、どんなえらい人のことばでも、まじめなものといえるでしょうか。そんなたいどをとおしてくれるでしょうか。

小牧だけをみてはいけないと思います。いまのところだけをみてはなりません。防衛、補償だ、ムギの補償だ、こういうふうにとみるともっともらしいいいぶんは、りくつをつけようとしたらいくらでもでてくるものです。一年や二年の期間ではなく、かならず勝てるたたかいです。いろいろなむつごうも、たたかってこそ堂々と解決できるのです。

堂々とたたかってこそ

こういう事態で目さきのことにつられたり、小手さき細工でおりぬけようとしたら、ひえて飛躍のもとです。先祖の土地をあくまで守り、子孫をたのんでゆるさぬ日本人の魂をかためてたちむかいましょう。選挙こそ祖先の恥れとみじめな負け、決心こそ日本の土地を守る道です。

十一月三日 日本共産党 小牧基地対策部 （河田料印刷）

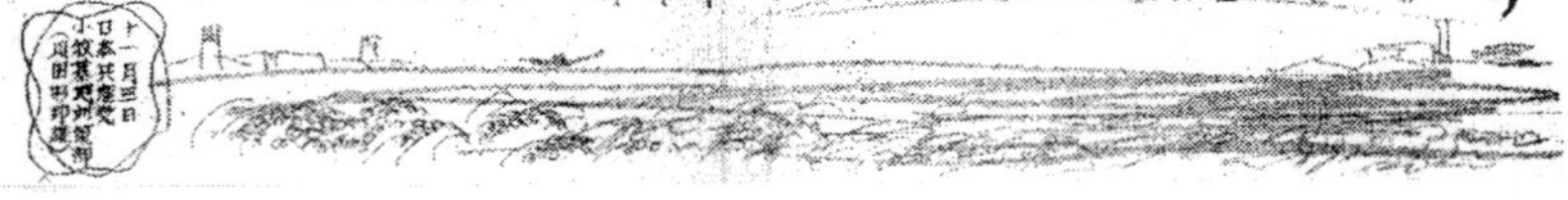

村長選挙に当り北里村の皆さんに訴えます

選挙々々で議会ばかり使やあがって……これは村民の多くの方々の不満だと思います。小牧と軍事都市にする合併案に賛成する、しないがきっかけとなって、それ不信任だ、それ選挙だ、と村中がゴタついているのは、まったく残念なことだと思います。

まして今回の村長選挙は、当選されたばかりの加藤村長を、再び不信任にかけるなど、つめ腹を切らせて辞めさせた上、次の県会議員の選挙を有利に進める上に都合のよい「短期村長」をかつぎ出すタクラミがかくされていると聞いては腹のたつのももっともです。

一方選挙地ばんを固めるために豊山村との合併問題がひそかにすゝめられているとのことですが村民を無視したそんな不正取引きより

農作物の値が下落し、日雇仕事がなくなるなど村民の暮しが苦しくなって来たことや、飛行場を起した小牧飛行場がいよいよ米軍基地として拡張されると言う大問題をどうするか、その為に村政をどのようにやって貰うかが、村民にとっては切実な関心事であると考えます。

もともと町村合併は、アメリカ軍の基地拡大や、自衛軍の増強など、いわゆるMSA再軍備をすゝめるために、国民に税金を政府がすいとり町村の財政がたいへん苦しくなって来たので、いさおい役所への不満が強まってくるのを何とかおさえようと吉田自由党政府が仕組んだものです。

合併問題で村がゴタつくのも、平和産業がつぶされ、労働者が賃下げや首切りで仕事や物を買う力がへったため、農作物の値が下り日雇仕事がなくなり農民の暮しが段々苦しくなって来たのも、みんなMSA再軍備の結果からです。

特に基地周辺の町村では、アメリカの要求する基地の拡張に都合のよい合併案が押しつけられたのです。守山では、合併して市になったとたんに物凄い大建築工事が兵舎工事ではじまり市民の肉をみはらせましたが、それは住宅難に困っている市民の住宅ではなく、何千と言うアメリカ兵さいれる兵舎でした。

小牧飛行場を拡張する為の合併案も、北里村にとってきっと不幸な結果を招くであろうことは申すまでもありません。

アメリカの言うなりになって再軍備に浮身をやつし、長い間国民を苦しめて来た吉田自由党政府もついに倒れましたが、其の後を出て来た鳩山自由党政府もご機嫌で国民を欺しつゝ、憲法を変えてまで国民の苦しみの元である再軍備・軍国主義の復活を一層おしすゝめようとしている吉田以上のひどい政府です。

又鳩山政府の手代である桑原県知事は、「知事の據上は選挙はやらない」との前言をひるがえして突然繰上げ選挙をやると言い出しました。そのわけは、米五空軍と日米合同委員会からの「小牧飛行場を米軍基地として急いで拡張せよ」と言う催促に協力して行く為、反対派の固まらないうちに政選挙をやって固めるためだと言われています。

このことは、北里村にとっても実に大変なことだと考えます。

北里村を平和な豊かな郷土として守り抜くために、今こそ村のゴタゴタをやめ、村民が一致団結してこの大事に当らなければならないときだと考えます。

★ 原爆の惨害から郷土を守ろう。小牧飛行場の拡張・原爆基地化反対！

★ 部落々々で、隣組で、「話し合いの会」を持ち、腹を割って話し合おう！

★ 平和な明るい村政をうちたてる為に、村民は一致団結しよう！

一九五四、一、一三、

日本共産党北里細胞

小牧市合併問題を争点にした村長選での呼びかけ　1954. 1

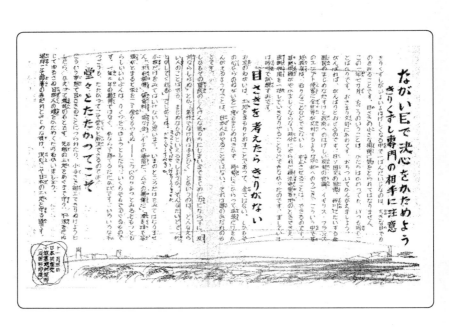

2 「小牧市史」の関連記述

一九七七(昭和五十二)年発刊

飛行場問題と騒音対策

昭和十九年に中京地区防衛の目的で建設された旧陸軍小牧飛行場は、敗戦により米軍の管理下に入った。同三十年三月、米軍は飛行場の拡張を計画、大山川以北の約三〇万平方びの買収を調達庁を通じて小牧市と北里村に申し入れた。

三十年六月二十日号「広報小牧」は次のように市民に知らせた。

「果して買上面積がどれ程であるか、分らない実情であります。しかし、当局に拡張の意志かあることは確実であり、近日中に何らかの通告かおるものと思われます。先に兵舎用地として、一八町歩余りの農地を買上された当市として、今度また、いくらかの農地を買上されるということは、誠に忍び難いものがありますので、極力回避して貰うよう、当局に陳情を続けて……(略)」

三十年六月二十九日、市議会の「飛行場基地対策委員会」が発足した。

拡張区域に入ったのは、小牧市南外山の農地と北里村小針及び市之久田の農地と仕宅地域などであった。北里村では、船橋鏡治村長を委員長に、舟橋久男・大野春吉を副委員長とする小牧飛行場拡張反対北里村委員会を組織、現地での反対運動を展開する一方、政府関係機関への陳情を精力的に展開問した。しかし、最終的には日米安保条約に基づく米軍の壁は厚く、拡張に協力を余儀なくされた。三十三年から三十四年にかけて市之久川・小

集団移転後の小針・市之久田地区

針両地区の対象区域の農家は一戸を残し移転、大山川を暗きょとする拡張が行われた。

〔騒音対策〕　拡張による農地喪失の苦痛とともに、川畑の悩みは日常の騒五目問題と墜落事故の恐怖であった。ジェット機時代の到来が、これを増幅した。まず授業を中断される小・中学校の防音措置が緊急を要し、国の袖助を受けて防音工事が始まった。…以下略

（p.322～323　所収）

3「春日井市史」に関連記述なし

一九六三（昭和三八）年　発刊

まだ記憶に新しいはずの五年後に発行された春日井市史の記述はどうなっているのか。

市の西部地域は基地に隣接し、墜落事故も多かった。しかし産業の発展ぶり一辺倒で、何も書かれていない。北里村民の運動の成果とも言える「防衛施設周辺の生活環境の整備等に関する法律」につながる補償の恩恵を受けてきたのだが。

「・・・・・戦後五年、ようやく再生の道を歩みはじめた春日井市に、さらに躍進の道を開いたものは、なんといっても王子製紙工場の誘致決定であったといってよい。

これよりさき戦後、形骸をさらした旧軍事施設は鳥居松工廠の一部に一時占領車が入ったが、やがて公共施設や教行施設に転換利川された。春口井市庁舎も二三年十一月に旧鳥居松工廠本館跡に移転した。ただし旧高蔵寺弾薬廠はそのまま進駐車に接収され、自術隊の発足とともに西山補給廠と共に自衛隊に引つがれた。しかし、もともと工場用地として買収された旧工廠用地はやはり工場として再生することが、近代都市として春口井市が発展するためにも望ましいことにちがいなかった。以下略」

p.421

4「豊山町史」も関連記述なし

一九七三（昭和四八）年　発刊

戦前の陸軍航空本部によるただ同然での強制買収や勤労奉仕に狩り出されたことは書かれているが、米軍基地拡張反対運動にはまったくふれられていない。

「…昭和十九年二月、旧陸軍によって建設されたこの飛行場は、終戦を迎えるとともに、昭和二十年八月米軍に接収された。そして米軍方式により大整備が行われた。

第一期工事（昭和二七より）

第二期工事（昭和二二から）

第五期工事（昭和三一・九から）

北へ滑走路一、五〇〇フィート延長、南端のオーバーラン千フィートの延長工事、これに伴い南北併せて約二八万坪を買収（但し未買収約一、八〇〇坪）飛行場総面積九六万坪。

（反対運動については見事に?カット）

これら五期に亘る工事の間に、昭和二六年十月、日本航空の国内線開設によって、米軍の了解をとって民間飛行場として使用、昭和二十七年十二月には、日本ヘリコプター輸送株式会社の設立となり、地元の名鉄・松坂屋がこれに資本投人参加した。

一方では、昭和三四年五月、小牧基地に航空自衛隊第三空団が置かれた。」…以下略

大野宅の門前で騒音調査
(基地拡張直後)

おわりに

細かいところで、筆者によって事実関係に食い違っていると思われる部分があります。なにぶんにもずいぶん以前のことであり、確かめようもありませんでした。ご容赦下さい。

この本をまとめるに当たって、一文を寄せていただいたり、写真・資料の提供など多大な協力をいただいた田中邦雄氏、丹羽正國氏、福田静夫氏、大野春吉氏ご家族、故小出栄氏、福本英雄氏など多くの方々にお礼を申し上げます。

二〇一六年　盛夏

（編・著者　山田　記）

自衛隊海外派兵反対　小牧基地包囲大行動に
全国から1万人を超える人たちが集まった
愛知民報　1991. 2. 17

【引用文献】
北里教育百年のあゆみ　小牧市立北里中学校記念誌編集委員会　1973(昭和四八)年
小牧市史　小牧市史編集委員会　発行　小牧市　1977(昭和五二)年
春日井市史　市史編集委員会　発行　春日井市　1963(昭和三八)年
豊山町史　豊山町史編集委員会　発行　豊山町　1973(昭和四八)年

【参考文献】
愛知県平和運動史　愛知県平和運動史編集委員会 編　愛知県平和委員会発行　2016年
戦争する国で愛知はどうなっちゃうの　愛知県平和委員会・原水爆禁止愛知協議会編　2016年
曳馬の歩み　創立六〇周年記念誌編集委員会
県立小牧高等学校創立六〇周年記念事業実行委員会　1983(昭和五八)年

編・著者　略歴
山田　隆幸　春日井市在住
1943年　名古屋市生まれ。出生時、すでに父は徴兵され中国東北部満州に。
空襲を逃れ、母の実家・西春日井群北里村に疎開
1945年6月　父、戦死（フィリピン・ルソン島で行方不明）
1966年　名古屋大学教育学部・教育心理学科卒業
小牧市立小・中学校に勤務、
日本生活教育連盟愛知サークル結成に参画
2004年　定年退職　愛知教育大学、愛知大学非常勤講師
2006年　名古屋経営短期大学子ども学科・准教授
2011年　上記大学退職、愛知県立大学非常勤講師
2014年　（法定外）見晴台学園大学教授　現在に至る

現在　愛知平和遺族会世話人
春日井九条の会世話人
日本生活教育連盟全国委員
あいち県民教育研究所　事務局

愛知民衆の歴史 1

砂川・内灘と共に闘われた戦後の三大基地闘争

土地は百姓の命・国の宝だ！

小牧基地拡張反対運動 記録集

編・著者：山田　隆幸
〒486　愛知県春日井市宮町字宮町１２９－１
発行：ほっとブックス新栄
発行者：藤田成子
〒461-0004　名古屋市東区葵一丁目２２の24
Tel : 052-936-7551　FAX : 052-936-7553
印刷　エスプリ